水産学シリーズ

117

日本水産学会監修

水産育種に関わる形質の発現と評価

藤尾　芳久　編
谷口　順彦

1998・10

恒星社厚生閣

ま え が き

　遺伝子型と表現型との対応を明らかにするには，形質を支配する遺伝子から表現型に至る形質発現機構の知見が重要である．分子遺伝学の急速な発展によって，形質発現に関する研究における多くの新しい知見がもたらされている．水産生物の遺伝・育種学的観点から，形態，生理，生態分野での形質発現に関する情報と問題点を整理することは，水産生物の遺伝学的研究の今後の一層の進展と，新品種作出や品種改良などの育種の発展にとって極めて重要と考えられる．このような観点から，1998 年 4 月 5 日に日本水産学会春季大会行事として「水産生物の形質発現と形質評価（水産育種における形質発現機構と遺伝学的解析の重要性）」と題するシンポジウムを下記のような内容で東京水産大学において開催した．

　　水産生物の形質発現と形質評価
　　　（水産育種における形質発現機構と遺伝学的解析の重要性）
　　　　企画責任者　藤尾芳久（東北大農）・山崎文雄（北大水）・和田克彦（養殖研）
　　　　　　田中　　克（京大農）・谷口順彦（高知大農）
　　　開会の挨拶．　　　　　　　　　　　　　　　　藤尾芳久（東北大農）
　　Ⅰ．遺伝子の構造と形質発現機構に関する研究の現状と問題点
　　　　　　　　　　　　　　　　　　　　座長　会田勝美（東大農）
　　　1．形態形成に関与する遺伝子の構造と
　　　　　機能の解析　　　　　　　　　　　　　　荒木和男（養殖研）
　　　2．形質発現に関与する初期胚の細胞質の
　　　　　機能解析　　　　　　　　　　　　　　　山羽悦郎（北大水）
　　　3．形態形質の発現機構と遺伝的評価法　　　　木島明博（東北大農）
　　Ⅱ．生理形質の発現機構に関する研究の現状と問題点
　　　　　　　　　　　　　　　　　　　　座長　荒井克俊（広大生物生産）
　　　1．生殖関連形質の発現　　　　　　　　　　　会田勝美（東大農）
　　　2．免疫機構に係わる形質発現　　　　　　　　中西照幸（養殖研）
　　　3．耐病性形質に係わる形質発現　　　　　　　山崎文雄（北大水）
　　　　　　　　　　　　　　　　　　　　座長　和田克彦（養殖研）

4

　本書は当日の講演に質疑応答の趣旨を考慮して編集したものである．また，各話題と総合討論をもとに，本シンポジウムのまとめを最後に加えた．本書が水産育種の基礎的側面および応用的側面に貢献できれば幸いである．本書の出版にあたり，執筆者の方々，日本水産学会の関係者各位，ならびに恒星社厚生閣の担当者各位に大変お世話になったことを厚く御礼申し上げる．

　　　平成 10 年 5 月

　　　　　　　　　　　　　　　　　　　　　　藤　尾　芳　久

水産育種に関わる形質の発現と評価　目次

Evaluation and Expression of Phenotypes in Aquatic Organisms for Genetics and Breeding

Edited by Yoshihisa Fujio and Nobuhiko Taniguchi

I. 形質発現機構に関する研究の現状と問題点

1. 初期胚の形態形成

荒 木 和 男*

　形態形成に関与する遺伝子はその機能から 3 種類に大別される．すなわち，前後，背腹，左右の軸の決定に関与する遺伝子，胞胚期の中胚葉以降の組織の誘導を行うものおよびでき上がった軸に沿って分節化を行い，各体節の特異性を決定する遺伝子群に大別される．これらの遺伝子が発生段階および場所特異的に相互に機能することによって発生に伴う形態形成がもたらされる．

　我々は，魚類の半数体胚が起こす形態形成異常を遺伝子の発現様式を利用して解析することによって，中胚葉や神経の誘導に関与する遺伝子がどのように相互作用して発生が進むかを研究してきた．その結果，形態形成には発生の時間によって誘導されるものと，細胞運動に伴う細胞間の相互作用によって誘導されるものがあり，半数体胚では覆い被せ運動や陥入などの細胞運動の遅れがあるにもかかわらず中胚葉や頭部の形成が 2 倍体胚と同じ発生時間で誘導されるために細胞間の相互作用が不完全になる．このことが半数体胚で形態形成異常が起こる一つの原因になっていることを明らかにした．

§1. 魚類の半数体胚の発生様式

　体軸の決定機構で最も解明されているのが背腹軸の決定である．はじめ，骨の形成を誘導する *BMP4*（*TGFβ* family に属する因子）が初期胚でも発現していることからその機能が調べられた結果，腹側の構造を誘導する機能をもつことが解明された．後に，オルガナイザー領域で発現する背側を誘導する遺伝子として見つけられた *noggin* や *chordin* は *BMP4* に結合して，その機能を阻害することによって背側の構造を誘導することが報告された[1]．前後軸については，カエルおよびゼブラフィッシュを実験動物に用いた研究から，後方化の

---

* 水産庁養殖研究所

誘導に *Wnt* family に属する *Wnt 8* が関与していることが証明された[2]．また，左右軸については最近 lefty と名付けられた遺伝子が関与していることが報告された[3]．

　胞胚期の中胚葉誘導以降の分化誘導因子で最もよく研究されているのがオルガナイザー領域に発現する神経誘導因子についてである．これには，*Wnt* family に属する遺伝子，*forkhead* gene family に属する遺伝子，*goosecoid*（*gsc*），noggin など多くの遺伝子が報告されている．最近，腹側の形成を誘導する *BMP* 4/7 および後方化シグナルとして働く *Wnt 8* の働きを押さえる *Frzb* や *Cerberus* もオルガナイザー領域から分泌されて，頭部や神経の誘導を起こすことが報告された．すなわち，オルガナイザー領域から分泌される誘導因子の多くが腹側化シグナルや後方化シグナルと拮抗するものであり，これらのシグナルを打ち消すことが正常な頭部を誘導するのに重要であることが明らかになってきた[4]．

　胚発生過程で前後軸が確立し，分節構造が形成されると各体節が独自の構造を形成するようになる．この各体節の特異性決定をつかさどるのが中脳から前方では *Pax* 遺伝子群，ロンボメアから胴部にかけてはホメオティック遺伝子（*Hox*）である．しかし，核タンパク質である *Pax* 遺伝子やホメオティック遺伝子がどのようにして各体節の特異性を制御しているかについては明らかにされていない．最近，ホメオティック遺伝子同士が発現を制御しあっている例が報告された[5]．

　我々は，魚類の半数体胚が起こす形態形成異常を遺伝子の発現様式を利用して解析することによって，中胚葉や神経の誘導に関与する遺伝子がどのように相互作用して発生が進むかを研究してきた．

　半数体は完全な染色体を 1 組もっているにもかかわらず様々な形態形成異常を起こす．しかし，魚種によって発生様式が少しずつ違うため，魚類の半数体胚の形態形成異常の様子も魚種によって少しずつ違う．特に頭の形態形成異常は魚種によって異なる．メダカの半数体胚では，全長が著しく短くなり，頭部，血管系，脊索，体節の著しい形成異常を起こしてふ化直前に死滅する（図1・1）．切片を作って各組織の状態を調べてみると，半数体胚の胚葉のすべての組織は形成されているが細胞の配列が乱れて体節や消化管の輪郭が不明瞭にな

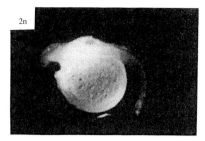

図1・1　メダカのふ化直前の半数体胚と2倍体胚
メダカの半数体胚（左）は全長が著しく短くなり，頭部の形成が不完全になっている．また，卵黄を取り巻く血管系が全く形成されない．

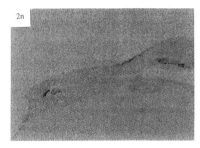

図1・2　メダカ2倍体胚と半数体胚の体節
2倍体胚（右）の体節を形成する細胞は非常に規則正しく配列し，体節の形が揃っている．一方，半数体胚（左）の体節を形成する細胞の配列は乱れており，体節の形も不揃いになっている．

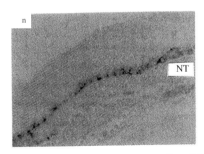
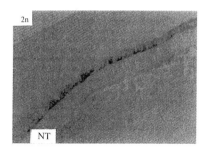

図1・3　メダカ2倍体胚と半数体胚の脊索
2倍体胚（右）の脊索（NT）を形成する細胞は伸長化を起こして規則正しく配列しており，ところどころ空胞化が起こっている．一方，半数体胚の脊索を形成する細胞は全く伸長しておらず配列も乱れている（左）．

っており（図 1・2），特に脊索では細胞の伸長も起こっていない（図 1・3）．また，脊索の下に形成されるハイポコートが半数体胚では全く形成されてこない．さらに，卵黄を覆う血管系が形成されないため，血管形成以後の半数体胚と 2 倍体胚の成長には大きな開きが生じてくる．

　魚種を越えて半数体胚の形態形成異常について共通にいえることは，（1）すべての組織の形成は起こるが，組織を形成する細胞の配列が著しく乱れる，（2）頭部の後方化が起こる，（3）卵黄を取り巻く血管系が形成されないため，それ以後の成長が止まることである．

　魚類では完全ホモ型の雄性発生 2 倍体や雌性発生 2 倍体でも正常に発生できることから，劣性致死遺伝子やジェノミックインプリンティングの影響が考えにくい．よって，半数体胚が正常に発生できない原因として，遺伝子の量が半分であるために個々の遺伝子の発現量が低下すること，2 つのアレルの間でtrans-acting な発現制御を受けないと正常な発現ができない遺伝子が存在して半数体では正常な発現ができないこと，半数体胚では細胞の大きさが小さいため十分な細胞運動ができなくなり胚循（オルガナイザー領域）形成後の細胞間の誘導がうまく行かないなどの原因が考えられる．半数体胚の組織を形成する細胞の配列が乱れることから，半数体胚では細胞の配列に関与する細胞接着因子の遺伝子の発現量や発現様式に問題がある可能性が考えられる．また，頭部の後方化が起こる原因として半数体胚の細胞運動と頭部誘導の関係が考えられる．

§2. 半数体胚における遺伝子の発現様式の解析

　半数体胚では脊索の部分的な形成異常が起こることから，まず脊索で発現する *Brachyury*（*T*）[6]，*HNF3 β*[7]，*shh*[8] 遺伝子およびオルガナイザー領域と脊索前板で発現する *goosecoid*[9] 遺伝子の発現様式の解析を通じてメダカの半数体胚の発生様式の詳細な解析を行った．

　Brachyury（*T*）遺伝子は脊索の分化誘導にも深く関与するが誘導直後の中胚葉でも発現する遺伝子としても知られている．中胚葉の誘導は 30％から40％覆い被せ運動が進行した時に起こる．半数体胚では核の大きさが 2 倍体胚に比べて小さいため，発生が進んで細胞質の大きさが十分小さくなってくると

細胞の大きさが 2 倍体胚の細胞より小さくなり，そのことが原因してメダカの半数体胚の覆い被せ運動は 2 倍体胚に比べてかなり遅れてくる．しかし，半数体胚では 2 倍体胚とほぼ同じ発生時期に *Brachyury (T)* 遺伝子の発現を開始する．このことは，中胚葉の誘導は受精からの時間に依存し，覆い被せ運動が遅れても起こることを示している（図 1·4）．発生が進んで眼胞形成期になっても *Brachyury (T)* 遺伝子は尾芽と胚体周縁部で発現し続ける．脊索における *Brachyury (T)* 遺伝子の発現様式については半数体胚では少し遅れて発現するものの 2 倍体胚との間で差異は認められなかった．

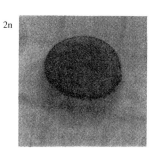

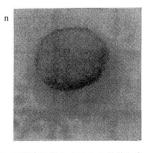

図 1·4　初期嚢胚期のメダカ 2 倍体と半数体胚における *Brachyury (T)* 遺伝子の発現
半数体胚（下）の細胞が小さいため，2 倍体胚（上）に比べて覆い被せ運動が遅れる．しかし，受精からの時間に依存して半数体胚でも 2 倍体と同じ発生時間に中胚葉が誘導され胚体の縁の部分で *Brachyury (T)* 遺伝子が発現してくる．

　次に，後期嚢胚期における *HNF3 β* 遺伝子の発現様式を調べた．*HNF3 β* 遺伝子は最初胚体周縁部で発現した後，棒状の体の原器が形成されてくると体の前後軸に沿って予定索形成域で発現し，脊索と脊索前板が形成されてくると脊索でのみ発現するようになる．後期嚢胚期の 2 倍体胚では脊索前板の分化誘導が既に起こっており体の後半部の脊索形成域でのみ *HNF3 β* の発現がみられる．これに対して半数体胚では頭頂部から尾部まで前後軸に沿って索形成域全長にわたって発現している（図 1·5）．このことは，半数体胚では体の前方部の分化誘導が遅れている可能性を示唆している．しかし，更に発生が進むと半数体胚においも *HNF3 β* 遺伝子は脊索に限局して発現するようになる．そこで，次に脊索前板で発現する *goosecoid* 遺伝子の発現様式の解析を行った．メダカでは *goosecoid* 遺伝子はオルガナイザー領域およびそこから遊走する一部の細胞で特異的に発現した後，後期嚢胚期には脊索前板で発現し，

最後にふ化酵素腺前駆細胞で発現する．中期嚢胚期の 2 倍体胚では *goosecoid* 遺伝子はオルガナイザー領域およびこの領域に移動しつつある周囲の細胞で発現しているのに対して，半数体胚では陥入が遅れるために動物極からかなり離れた領域までしか中胚葉が陥入していない結果として中胚葉に裏打ちされた外胚葉で弱く発現している．後期嚢胚期になると，2 倍体胚では体の前方部から伸びた脊索前板全体で *goosecoid* 遺伝子が発現している．一方，半数体胚では陥入が遅れているにもかかわらず頭部の形成誘導が起こるために全長の短い脊索前板が誘導され，そこで *goosecoid* 遺伝子の発現が起こっている．また，半数体胚の陥入が十分進まない内に頭部の形成が始まるため，2 倍体に比べて頭

2n

n

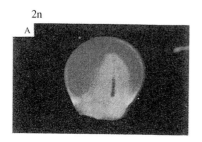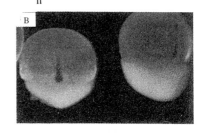

Late gastrula stage

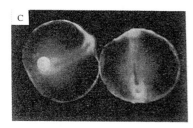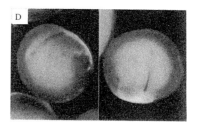

Optic vesicle formation stage

図1・5　後期嚢胚期および眼胞形成期のメダカ 2 倍体胚と半数体胚における *HNF3 β* 遺伝子の発現
　　　　上段は後期嚢胚期，下段は眼胞形成期における *HNF3 β* 遺伝子の発現を示す．半数体胚（上段右）は 2 倍体胚より覆い被せ運動が遅れる．2 倍体胚では既に体の前方部の分化誘導が起こり *HNF3 β* 遺伝子は体の後半部の予定脊索域で発現している（上段左）．一方，半数体胚（上段右）では体の前後軸に沿って全長で発現していることから，半数体胚では体の前方部における分化誘導はまだ起こっていないと考えられる．しかし，眼胞形成期には半数体胚においても（下段右）2 倍体胚と同様に脊索形成域でのみ発現するようになる．

部は胚体周縁部にかなり近い位置に形成されることになる．覆い被せ運動が終る頃，2倍体胚ではふ化酵素腺前駆細胞で発現しているのに対して，半数体胚では頭部の前方部全体で発現している．このことは，半数体胚では短い脊索前板しか形成されないにもかかわらず，頭部の形成は2倍体胚とほぼ同じ発生時間から始まる．しかし，頭部の形成は2倍体胚よりも遅れて完成することを示唆する（図1・6）．

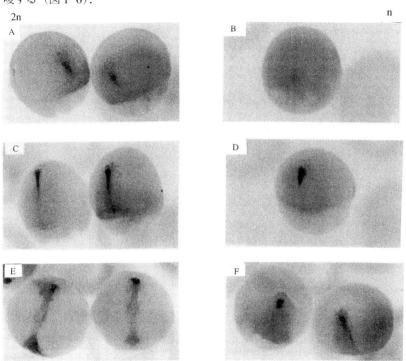

図1・6　*goosecoid* 遺伝子の発現様式の解析

上段，中段，下段はそれぞれ，中期嚢胚期，後期嚢胚期，胚体頭部形成期における2倍体胚（左）および半数体胚（右）における *goosecoid* 遺伝子の発現様式を示す．中期嚢胚期の2倍体胚では胚楯が上方部まで形成され，*goosecoid* 遺伝子が胚楯の前方部だけで発現している．しかし，半数体胚では胚楯が上方部まで形成されず，*goosecoid* 遺伝子の発現も前方部に局在していない．後期嚢胚期の2倍体胚では脊索前板が形成され，その部分で *goosecoid* 遺伝子が発現している．一方，半数体胚では，*goosecoid* 遺伝子は前方部に局在して発現しているが，2倍体胚ほどはっきり脊索前板は形成されていない．胚体頭部形成期の2倍体胚ではふ化腺前駆細胞でのみ *goosecoid* 遺伝子が発現しているのに対して，半数体胚では頭部全体で発現している．

最近，*Wnt family* に属する *Wnt 8* が後方化シグナルとして働くことが報告された．*Wnt 8* 遺伝子は胚体周縁部で発現する *Brachyury*（*T*）遺伝子によって発現誘導され，胚体周縁部から前方に後方化シグナルとして分散していく．

そのため，頭部が胚体周縁部に近い領域に形成されると後方化シグナルの影響を受けて頭部の後方化が起こることが知られている[4]．半数体胚では覆い被せ運動と陥入が遅れるために胚体周縁部にかなり近い位置に頭部が形成されることになる．そのため，*Wnt 8* による後方化シグナルの影響を受けて頭部の後方化が起こるものと考えられる．

shh の胸鰭原器における発現様式を調べたところ，半数体胚では発現してこないことが分かった．このことは，頭部だけでなく胸鰭原器の形成も後方化の影響を受けていることを示唆している（図1·7）．

2n　A

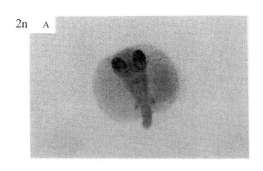

n　B

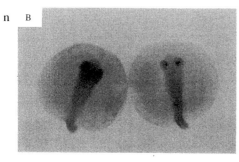

30 somite stage

図1·7　胸鰭原器における *shh* の発現
30 体節期の 2 倍体胚の胸鰭原器の後方で *shh* が ZPA として働くために発現している（上段）．一方，30 体節期およびさらに発生の進んだ胚においても半数体胚の胸鰭原器における *shh* の発現はみられなかった（下段）．

§3. まとめ

以上のことから，幾つかの原因が複合的に働いて半数体胚が様々な形態形成異常を起こすと考えられる．以下に原因となりうる現象をまとめる．

（1）発生が進むとメダカの半数体胚では 2 倍体胚に比べて細胞の体積が小さくなるために，覆い被せ運動や陥入が 2 倍体胚に比べて遅れる．しかし，中胚

葉の誘導や頭部の誘導は 2 倍体胚とほぼ同じ発生時間に起こる．そのため，頭部の誘導が不完全になるだけでなく頭部が胚体周縁部に近い位置に形成されて後方化シグナルの影響を受ける．

（2）細胞の配列を規定する基本的な細胞接着因子の発現が半数体胚では量的に少ないためにすべての組織で細胞の配列が乱れる．

（3）卵黄を取り巻く血管系が形成されないため卵黄の栄養分の吸収ができずその後の成長が起こらない．

（4）魚種によって半数体胚の頭部の形態形成異常に差があるのは魚種によって発生様式が少しずつ異なるためと考えられる．

文　　献

1) E. M. De Robertis and Y. Sasai : *Nature*, 380, 37-40 (1996).

2) L. Leyns, T. Bouwmeester, S-H. Kim, S. Piccola and E. M. De Robertis : *Cell*, 88, 747-756 (1997).

3) L. A. Lowe, D. M. Supp, K. Sampath, T. Yokoyama, C. V. Wright, S. S. Potter, P. Overbeek and M. R. Kuehn : *Nature*, 381, 151-155 (1996).

4) A. Glinka, D. Onichouk, D. Blumenstoch and C. Niehrs : *Nature*, 389, 517-519 (1997).

5) 鳥居正昭・中福雅人：細胞工学, 16, 1107-1115 (1997).

6) S. Schutle-Merker, F. J. van Eeden, C. B. Kimmel and C. Nusslein-Volhard : *Development*. 120, 1009-1015 (1994).

7) U. Strahle, P. Blader, D. Henrique and P. W. Ingham : *Genes & Development*, 7, 1436-1446 (1993).

8) S. Krauss, J-P. Concordet and P. W. Ingham : *Cell*, 75, 1431-1444 (1993).

9) J. Lzpisua-Belmonte *et al.* : *Cell*, Vol.74, 645-659 (1993).

2. 初期胚の細胞質の機能

山 羽 悦 郎 *

胚を構成する細胞は，形態形成の過程で時空間的に異なる様々な遺伝子をゲノムより発現させ，数多くの細胞へ分化していく．細胞間の質的な差の形成には，あらかじめ卵細胞質に貯えられ空間的に局在している因子と，この因子の移動に関わる卵内の構造が深く関与している．このような因子に関する研究は，胚軸の決定や生殖細胞の形成について，無脊椎動物ではショウジョウバエ，脊椎動物では両生類を材料として進んでいる．本論では，硬骨魚類の形態形成に関わる遺伝子のゲノムからの発現に関与する初期胚の細胞質の機能に関わる研究の現状を紹介する．

§1. 硬骨魚類の発生初期の形態形成

まず，硬骨魚類の嚢胚形成までの発生初期の形態形成過程について概説する．この時期の発生過程を概観するために図2・1を参照されたい．

1・1 形態形成の組織学的解析

硬骨魚類の未受精卵は，回転相称を示し，動植物極の区別は卵膜に存在する卵門の存在によって確認される．受精にともなって卵膜が卵黄膜より分離し，第2極体が放出される．卵内の細胞質は動物極へ集合して胚盤となり，この胚盤部分で卵割が起こり割球が形成される．胚盤における核の分裂は，一定の回数（キンギョでは9回）同調的に進行する．その後，胚盤における細胞分裂の同調性は失われ，非同調的な卵割となる．この同調分裂から非同調的な分裂への移行を「中期胞胚期遷移（mid-blastula transition：MBT）」と呼ぶ．卵黄に隣接するいくつかの割球の細胞質は卵黄と連続している．これらの細胞の核は，胞胚期に卵黄に落ち込み，「卵黄多核層（yolk syncytial layer：YSL）」を形成する．胚盤以外の，卵黄多核層を含む卵黄部分は卵黄細胞と呼ばれる．

胚盤の周縁部での卵黄多核層の形成後，胚盤はエピボリー運動を開始し，卵

---

* 北海道大学水産学部

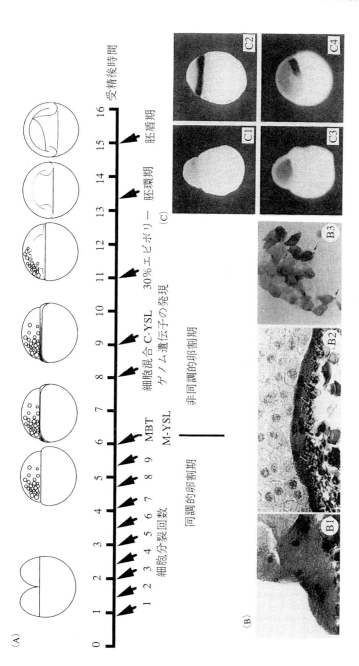

図 2・1　キンギョの初期発生過程

(A) 20℃培養下における受精後時間と形態変化の模式図．MBT：中期胚胞期遷移．

(B) 発生過程で起きる特徴的な形態の組織切片像．B1：周縁卵黄多核層 (M-YSL)．受精後 6 時間．B2：中央卵黄多核層 (C-YSL)．矢頭は核の所在を示す．受精後 9 時間．B3：割球の混合 (mixing)．矢印は細胞運動に伴う細胞質の突起を示す．受精後 8 時間．

(C) 発生過程での遺伝子の発現．C1 と C2：受精後 8，10 時間での *ntl* の発現．矢頭は核の所在を示す．C3 と C4：受精後 8，11 時間での *gsc* の発現状態．

黄を覆い始める．この過程で，胚盤の周縁域の細胞が内側へ巻き込まれ，胚盤葉上層と下層の 2 層構造をなす「胚環」が形成される．この時期より嚢胚期となる．続いて胚盤葉下層の一部がさらに動物極へ移動し「胚盾」が形成される．この胚盾の形成をもって，形態的に背側が明らかになる．胚盾はこの部分を胚の他の部分へ移植すると 2 次胚を形成することから，両生類の原口背唇（Spemann のオーガナイザー）と同等のものである[1~3].

1・2　初期胚の遺伝子の発現

核からの遺伝子の発現は，MBT を境にして開始される[4].　最も早く発現が確認されている遺伝子は，後期胞胚期に将来の中胚葉の全域で発現する *no tail*（*ntl*：両生類の *Brachyury*，マウスの *T* のホモログ）と，中胚葉の背側領域での *goosecoid*（*gsc*）である[5, 6].　エピボリーの過程では，やはり胚盤の周縁域の将来の中胚葉の腹側領域となる部分で *eve1* や *BMP-4* 遺伝子が，背側で *lim 1*, *axial*（*HNF-3β*）などの遺伝子が発現を開始する[7~10].

硬骨魚類の初期胚は，1）回転相称を示し，組織学的に明らかな母系因子の局在性は確認されていないこと，2）必ずしも規則的な卵割をせず，1 個の標識細胞に由来する子孫細胞にはランダムな混合（mixing）が起こるため，初期の割球の位置と分化の方向性には明瞭な相関が観察されないこと，3）初期の胚盤の胚細胞を部分的に除去してもその後の発生に影響が無いこと，4）後期胞胚期以前の割球を分離し他の部分に移植すると，移植位置に応じた細胞の分化が起こること，などの実験結果から調節性の高い発生様式をもつことが明らかになっている[11~16].　そして，いくつかの魚種における胚盤細胞の部分的な除去，およびゼブラフィッシュにおける詳細な細胞系譜の検討の結果から，胚における細胞の位置と分化の方向が一致するのは初期嚢胚期であることが明らかにされている[14, 17].　したがって，初期嚢胚期以前の胚盤で，部域特異的にいくつかの遺伝子を発現している細胞は，特殊化（specification）はしているが，特異的な細胞になることを拘束（commitment）されているわけではない．

ntl や *gsc* の発現は，胚盤以外の部分からのシグナルにより誘導されることが明らかにされている[18].　ゼブラフィッシュにおいて，中期胞胚期に卵黄細胞を胚盤から分離し，他胚の胚盤の動物極側に移植すると，移植した卵黄細胞に隣接した実際には発現の起こらない胚盤部分で，これらの遺伝子の異所的な発

現が認められた．この結果は，卵黄細胞から胚盤周辺部へ遺伝子の発現をもた
らす誘導のシグナルが存在することを示している．また，*gsc* の発現は，胚盤
の周囲の一部分に限られることから，卵黄細胞からの誘導には空間的な差があ
るものと考えられる．

§2. 硬骨魚類の背側構造の決定

2·1 背側構造の決定因子

胚盤周囲での背側腹側での異なる遺伝子の発現の原因は卵黄細胞に原因があ
る [18, 19]．キンギョやゼブラフィッシュで初期卵割期の卵黄の植物半球を取り除
き，動物半球のみで発生させると，胚軸の形成されない回転相称の胚，頭部の
欠損胚，単眼胚，2 つの眼が腹部で融合した胚が出現する（図 2·2A，B）．こ

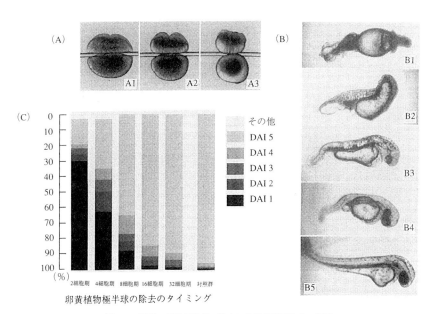

卵黄植物極半球の除去のタイミング

図 2·2　卵黄の植物極半球の除去による奇形胚とその頻度
（A）2 細胞期における卵黄除去の実際．約 0.1 mm のテグスにより赤道面に沿って卵黄を圧
　　迫し，切断する．
（B）2 細胞期における卵黄除去により発生した 3 日目の胚．B1：回転相称胚（DAI1）．B2：
　　頭部欠損胚（DAI2）．B3：単眼胚（DAI3）．B4：両眼が融合した胚（DAI4）．B5：
　　正常胚（DAI5）．DAI：背方頭部指数（Dorso-Anterior Index）．
（C）2 細胞期から 32 細胞期に卵黄除去を行った胚より出現した各奇形胚の頻度．

れらの形態は，両生類における背側構造と頭部構造が欠落した胚と酷似し，背側構造の欠損，頭部の欠損，端脳・間脳域の欠損，端脳域の欠損と位置付けられる [19]（Mizuno ら，投稿中）.

　さらに回転相称胚が高頻度で出現する時期に卵黄除去を行い，その胚の形態形成を組織学的に調べると，これらの胚は胚環を形成するものの，胚盾を形成しない [19]. また，*ntl* の発現は対照胚と同等であるが *gsc* は発現せず，正常胚で腹側中胚葉でのみ発現する *eve1* は，胚環の全周域で発現していた [19]（Mizuno ら，投稿中）. これらのことから，卵黄の植物半球の除去により生じた回転相称の胚は，「腹方化（ventralization）」した胚と考えられ，卵黄の植物半球に存在する細胞質因子は，背側決定因子であるといえる. さらに，キンギョにおける第 1 卵割面に沿った 2 細胞期胚の断片化の結果は，背側決定因子が植物極半球の卵黄に偏在していることを示唆し，この時期に背腹軸をきめる左右相称性を内在させているものと考えられた [19].

　両生類においては，卵の植物極側に背側の構造を誘導できる母系の細胞質因子の存在が確認されており，*wnt-11* と *Vg-1* の mRNA がこの候補にあげられている [20, 21]. ゼブラフィッシュではこれらの遺伝子のホモログが単離されている. ゼブラフィッシュの *wnt-11* は，中期胞胚期以前には母系因子としてわずかに存在するものの背側構造を誘導するには十分といえず，また *Vg-1* とホモログである *zDVR* は母系因子として 1 細胞期の細胞質に存在するものの卵内での局在は認められない [22, 23]. したがって，これらの因子は卵の植物半球に局在する背側決定因子とは考えられない. 硬骨魚類の背側決定因子の実体については，さらなる研究が必要である.

2・2　背側決定因子の移動に関わる細胞質内の要因

　キンギョやゼブラフィッシュで，発生の段階を追って胚の卵黄の植物半球の除去を行うと，発生の初期の段階に卵黄が除去されるほど回転相称の奇形が高頻度で出現し，発生の進行にともなって奇形胚の出現比率は低くなる（図 2・2C）[19]（Mizuno ら，投稿中）. このことは，背側決定にかかわる因子，あるいは背側決定のカスケードが植物極から動物極へ向かって移動していることを意味する. この時期には胚盤形成が続いていることから，背側決定因子が細胞質とともに動物極へ移動している可能性がある.

　硬骨魚類の受精にともなう細胞質の胚盤への移動には，微小管や微小線維からなる細胞骨格が関与することがメダカやゼブラフィッシュで報告されている[24~27]．微小管のチューブリンの重合阻害剤であるコルセミドやノコダゾール，微小線維のアクチンの重合阻害剤であるサイトカラシンなどの処理により胚盤の形成は阻害される．また，メダカでは細胞質に浮遊する顆粒の動物極あるいは植物極への移動にもこれらの細胞骨格が関与し，さらには植物極における微小管の配列と顆粒の移動方向，囊胚期の背腹軸とが強い相関をもっていることが示されている[28]．

　水産の分野では，細胞分裂装置の微小管を，高温，低温，圧力処理を用いて破壊し，染色体をハプロイドゲノムのセットで倍加させる染色体操作の研究が行われてきた[29]．これらの染色体倍加の処理が奇形胚を出現させることは研究者の間で自明のことであったが，胚体形成との関わりで論じられてきたことはなかった．キンギョの卵を遺伝子を不活化させた精子で受精し，その5分後に，40℃の水温で1分間処理すると雌性発生2倍体が得られる[30]．このことから，この条件で第2成熟分裂に関わる微小管の破壊が行われていると考えられる．この条件で処理した卵では，系統によって異なるが，明らかに背側頭部構造の欠損した胚が出現する．雌性発生を誘起する圧力処理（1,000気圧，1分）でもこの傾向は認められた（山羽，未発表データ）．より長い処理時間では生残率が低下するものの，生き残った個体ではほとんどの個体が胚軸構造を失う．またゼブラフィッシュでも，18℃の低水温で処理や，より直接的なチューブリンの重合阻害剤であるノコダゾール処理も，胚軸の形成されない奇形を誘起する[31]．これらの結果は，硬骨魚類において微小管を介しての背側決定因子の移動があることを推察させる．

　両生類においても，1細胞期における細胞質の再配置が背側構造の形成に重要な役割を果たしていることが明らかにされている[32]．この細胞質の再配置には微小管が働き，微小管を破壊する処理は背側頭部の欠損をもたらす．このように，両生類と硬骨魚類では背側決定因子の移動の機構という点で類似性が認められる．

　これまでわかっている硬骨魚類の背側構造の形成にかかわる機構を図2·3にまとめて示す．両生類においては，植物極の細胞質を直接帯域に注入することで

オーガナイザーの組織に分化させることが可能であることが示されている [33]．また，背側決定因子の移動を妨げた場合，植物極半球で *siamois* や *twin* などのオーガナイザーを誘導できる遺伝子の発現が誘導される [34]．これらの事実は，背側決定因子そのものがオーガナイザーにかかわる遺伝子を誘導する活性をもつことを示唆している．硬骨魚類では，まだ細胞質の移植の実験は行われておらず，植物極の細胞質がこのような活性をもつかは明らかではない．軸形成については決定因子を含めカスケードの実体の解明が待たれるところである．

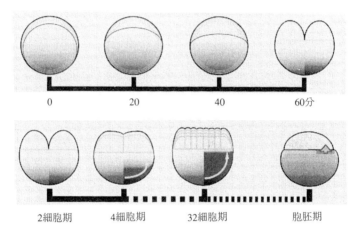

0   20   40   60分

2細胞期   4細胞期   32細胞期   胞胚期

図2・3　キンギョの初期卵割期における背側決定因子の動態に関する模式図
（A）受精直後から卵内の細胞質は動物極へ移動し胚盤を形成し，2細胞期には卵黄の植物半球に背側決定因子の局在がみられる．卵内には微小管の列が存在し，胚盤の細胞質の移動に関わる．この微小管の受精直後の破壊は，背側決定因子の移動を妨げる．
（B）2細胞期に卵黄植物半球に局在した背側決定因子あるいはそのシグナルは32細胞期までに動物半球へ移動する．さらにそのシグナルは卵黄細胞からの誘導という形で胚盤での *gsc* 遺伝子の発現を誘起する．

§3. 生殖細胞の決定

3・1　生殖細胞決定因子

ショウジョウバエや無尾両生類では，母系的に卵内に存在する細胞質を受け継いだ細胞が，生殖細胞になることが明らかとなっている．この細胞質をショウジョウバエでは「極顆粒 pole plasm」，*Xenopus* では「生殖質 germ plasm」と呼ぶ．しかしながら，すべての種の生殖細胞の決定に，このような細胞質因

子が関わっているわけではなく，有尾両生類や哺乳類の生殖細胞は誘導により決定を受けることが示されている[35].

　生殖質が比較的よく研究されているショウジョウバエと *Xenopus* では，これらにミトコンドリアが密集して存在すること，nuage と呼ばれる顆粒が存在することなどいくつかの組織学的な共通点が見出される[36]．そして，分子生物学的な解析から *vasa* 遺伝子産物など両種において類似した分子が存在することが明らかにされてきた[37].

　vasa 遺伝子は，ショウジョウバエにおける母系効果をもたらす突然変異の遺伝的スクリーニングから同定された[38]．この突然変異遺伝子をホモ接合の状態でもつ雌親は，将来の生殖細胞となる極細胞を形成せず不妊となる．この *vasa* 遺伝子の転写産物は母系的に卵内に存在するが，Vasa タンパク質は初期胚の後極のみに分布し，さらにゲノムからの発現は生殖細胞系列に限られる．脊椎動物で vasa とホモログをもつ遺伝子が，*Xenopus* やマウス，ラットなどからクローン化され，それらはいずれも生殖細胞系列で特異的に発現することが明らかにされている[39~41]．これらのことから，この遺伝子を生殖細胞形成における普遍的な分子として利用し，これまで研究の進んでいない生物の生殖細胞の解析に用いることが可能と考えられる．

3・2　硬骨魚類の生殖細胞の決定

　硬骨魚類の始原生殖細胞の分化過程は，形態的な特徴を基に，ブラックバス，メダカ，*Barbus conchonius* などのいくつかの種類において報告されてきた[42~44]．いずれの種においても形態的に最も早く始原生殖細胞が認められるのは初期体節期である．他の動物種での始原生殖細胞の組織学的な特徴である nuage は，発生の進行にともなって出現することが明らかにされている[45]．したがって，硬骨魚類で，初期体節期以前の始原生殖細胞の起源を遡る指標とはならない．また，*B. conchonius* では卵割期の割球標識の研究により，始原生殖細胞を生み出す細胞は 64 細胞期の胚盤の下層に位置することが示された．しかし，その細胞系譜は明らかではなかった[46].

　Yoon ら（1997）は，ゼブラフィッシュの生殖細胞系列の分子生物学的なマーカーを特定するために，*vasa*-様の遺伝子（*vas*）をクローン化し，その発現をノーザンブロッティング法を用いて明らかにした[47]．その結果，*vas* 遺伝子

産物は母系的に卵内に含まれることが明らかとなった．さらにその分布を調べると，第1，第2卵割溝の胚盤周縁部付近の4ヶ所に局在が認められた．この局在部位は，中期胞胚期（1,000細胞）までその数は増加せずに保持され，4,000細胞（後期胞胚期）では4から12個の細胞内に認められた．エピボリーの終了までに vas RNA を有する細胞は約30個まで増加し，生殖隆起まで到達することが明らかにされた．彼らの結果は，硬骨魚類にも生殖細胞を決める生殖質の存在を示唆している．

　一方，Olsen ら（1997）は同様に母系のゼブラフィッシュの vasa-様の2つの遺伝子（pl10a, vlg）をクローン化し，その分布状態を調べている[48]．彼らの結果では，vlg 遺伝子産物は受精直後から中期胞胚期まで胚盤細胞質全体に分布し局在は観察されず，40％エピボリー期（後期胞胚期）になって4ヶ所の細胞集団で強い活性が認められ，その数は24〜32細胞であった．その後ふ化までの vlg 遺伝子産物を有する細胞の動態は Yoon らの結果とほぼ等しいものであった．彼らの結果は，vasa 様遺伝子産物 vlg があっても生殖細胞にはならないことを示し，この遺伝子産物は生殖細胞質ではないと考えられる．

　今後，硬骨魚類の始原生殖細胞の分化におけるこれらの因子の関わりを調べるためには，遺伝子の発現や遺伝子産物の分布だけではなく，これらの細胞や細胞質の除去あるいは移植などが試みられる必要がある．

　キンギョでは初期胚の胚盤を操作することが比較的簡単であるため，胚盤の一部分を除去あるいは重複させた胚を作ることが可能である．中期胞胚期のキンギョの胚盤を操作し，胚盤の上部あるいは下部を除去した胚，胚盤の下部を重複させた胚を作成し，受精10日まで発生させた後，生殖隆起に到達した始原生殖細胞の数を調べ対照群と比較すると，胚盤の上部除去胚では PGCs の数に変化はなく，下部除去胚では減少し，重複胚では増加することが明らかとなった[*1]．また重複胚では重複させた2つの胚盤の両方から始原生殖細胞が生じていた．この結果は，中期胞胚期の胚盤の下部に将来始原生殖細胞を生み出すための割球が存在し，この割球を外科的に除去すると新たには形成されないことを示唆する．

　近年，マウスにおけるジーンターゲッティング法を硬骨魚類で確立する研究

[*1] 若林真紀ら：平成7年度日本水産学会春季大会要旨集, p177

が行われている [49~51]. しかし, キンギョにおける実験は, 中期胞胚期以降に全能性をもつ細胞を胚盤に移植しても生殖細胞へ分化しない可能性を示している. 一方, 生殖細胞質が確認されその移植ができれば, 培養細胞から生殖細胞を生み出せる可能性がある. 今後, 硬骨魚類の発生工学的な技術の発展には, 生殖細胞の分化に関するさらなる研究が必要である.

文　献

1) J. M. Oppenheimer : *J. Exp. Zool.*, **72**, 409-437 (1936).

2) J. M. Oppenheimer : *J. Exp. Zool.*, **128**, 525-558 (1955).

3) J. Shih and S. E. Fraser : *Development*, **122**, 1313-1322 (1996).

4) D. A. Kane and C. B. Kimmel : *Development*, **119**, 447-456 (1993).

5) S. Schulte-Merker, R. K. Ho, B. G. Herrmann and C. Nusslein-Volhard : *Development*, **116**, 1021-1032 (1992).

6) S. E. Stachel, D. J. Grunwald and P. Z. Myeres : *Development*, **117**, 1261-1274 (1993).

7) R. Toyama, M.L. O'Connell, C. V. E. Wright, M. R. Kuehn and I. B. Dawid : *Development* ; **121**, 383-391 (1995).

8) B. Nerve, N. Holder and R. Patient : *Mech. Dev.*, **62**, 183-195 (1997).

9) J. S. Joly, C. Joly, S. Schulte-Merker and H. Boulekbache : *Development*, **119**, 1261-1275 (1993).

10) U. Strale, P. Blader, D. Henrique and P. W. Ingham : *Genes Dev.*, **7**, 1436-1446 (1993).

11) C. B. Kimmel and R. D. Law : *Dev. Biol.*, **108**, 94-101 (1985).

12) C. B. Kimmel and R. M. Warga : *Dev. Biol.*, **124**, 269-280 (1987).

13) L. Hoadley : *J. Exp. Zool.*, **52**, 7-44 (1928).

14) 山本時男 : 魚類の発生生理, 養賢堂 (1938).

15) R. K. Ho : *Development*, **Suppl.**, 65-73 (1992).

16) R. K. Ho and C. B. Kimmel : *Science*, **261**, 109-111 (1993).

17) C. B. Kimmel, R. M. Warga and T. F. Shilling : *Development*, **108**, 581-594 (1990).

18) T. Mizuno, E. Yamaha, M. Wakahara, A. Kuroiwa and H. Takeda : *Nature*, **383**, 131-132 (1996).

19) T. Mizuno, E. Yamaha and F. Yamazaki : *Dev. Genes Evol.*, **206**, 389-396 (1997).

20) M. Ku and D. A. Melton : *Development*, **119**, 1161-1173 (1993).

21) G. H. Thomsen and D. A. Melton : *Cell*, **74**, 433-441 (1993).

22) R. Makita, T. Mizuno, A. Kuroiwa and H. Takeda : *Mech. Dev.*, (in press).

23) K. A. Helde and D. J. Grunwald : *Dev. Biol.*, **159**, 418-426 (1993).

24) H. Katow : *Dev. Growth Differ.*, **25**, 477-484 (1983).

25) V. C. Abraham, S. Gupta and R. A. Fluck : *Biol. Bull.*, **184**, 115-12 (1993).

26) V. C. Abraham, A. L. Miller and R. A. Fluck : *Biol. Bull.*, **188**, 136-145 (1995).

27) T. A. Webb, W. J. Kowalski and R. A. Fluck : *Biol. Bull.*, **188**, 146-156 (1995).

28) L. M. Trimble and R. A. Fluck : *Fish. Biol. J. MEDAKA*, **7**, 37-41 (1995).

29) 荒井克俊 : 魚類の DNA, 恒星社厚生閣, pp32-62 (1997).

30) 名古屋博之, 木本 巧, 小野里坦 : 養殖研

報, 18, 1-6 (1990).

31) S. Jesuthasan and U. Strahle : *Curr. Biol.*, 7, 31-42 (1996).

32) J. C. Gerhart, T. Doniach and B. Stewart : *Gastrulation, movement, patterns and molecule*, (Eds. Keller, R., Clark, Jr., W. H. and Griffin, F.), Plenum Press, New York. pp.57-77 (1991).

33) M. Sakai : *Development*, 122, 2207-2214 (1996).

34) M. N. Laurent, I. L. Blitz, Ch. Hashimoto, U. Rothbacher and K.W.-Y. Cho : *Development*, 124, 4905-4916 (1997).

35) L. P. M. Timmermans : *Netherland J. Zool.*,46, 147-162 (1996).

36) E. M. Eddy : *Int. Review Cytol.*, 43, 229-276 (1975).

37) 小林　悟：生殖細胞, 共立出版, pp13-44 (1996).

38) T. Schupbach and E. Wieschaus : *Roux Arch. Dev. Biol.*, 195, 302-317 (1986).

39) T. Komiya, K. Itoh, K. Ikenishi and M. Furusawa : *Dev. Biol.*, 162, 354-363 (1994).

40) Y. Fujiwara, T. Komiya, H. Kawabata, M. Sato, H. Fujimoto, M. Furusawa, and T. Noce : *Proc. Natl. Acad. Sci. USA*, 91, 12258-12262 (1994).

41) T. Komiya and Y. Tanigawa : *Biochem. Biophys. Res. Comm.*, 207, 405-410 (1995).

42) P. M. Johnston : *J. Morph.*, 88, 471-543 (1951).

43) H. Gamo : *J. Embryol. Exp. Morph.*, 9, 634-643 (1961).

44) L. P. M. Timmermans and N. Taverne : *J. Morph.*, 202, 225-237 (1989).

45) 浜口　哲：メダカの生物学, 東京大学出版会, pp7-27, (1990).

46) P. Gevers, J. G. M. van den Boogaart and L. P. M. Timmermans : *Dev. Biol.*, 201, 275-283 (1992).

47) C. Yoon, K. Kawakami and N. Hopkins : *Development*, 124, 3157-3166 (1997).

48) L. C. Olsen, R. Aasland and A. Fjose : *Mech. Dev.*, 66, 95-105 (1997).

49) S. Lin, W. Long, J. Chen and N. Hopkins : *Proc. Natl. Acad. Sci. USA*, 89, 4519-4523, (1992).

50) Y. Wakamatsu, K. Ozato, H. Hashimoto, M. Kinoshita, M. Sakaguchi, T. Iwamatsu, Y. Hyodo-Taguchi, H. Tomita : *Mol. Marine Biol. Biotech.*, 2, 325-332 (1993).

51) Y. Wakamatsu, K. Ozato and T. Sasado : *Mol. Marine Biol. Biotech.*, 3, 185-191 (1994).

3. 形態形質

木 島 明 博*

　水産育種にとって形態形質の変異は極めて重要な変異の一つである．すなわち養殖品種や系統の作成を図る時に育種目標となるのは成長や生残，耐病性だけではなく，体形や体色，斑紋，あるいは肉色などの形態形質も重要な育種目標となる．また，このような外見的に判別できる形態形質が成長や生残などの経済形質と関連してとらえられれば有効な選択の指標となる．一方，作成された品種や系統，あるいは人工種苗の遺伝的組成の変化を奇形などの形態形質の変異でとらえることができれば，水産生物集団の遺伝的組成の制御（育種管理）が可視的にできる可能性も期待できる．しかし，これらの可能性を実現するには，まず，より多くの形態形質の変異を見出し，その発現機構を明らかにし，形質と遺伝子型との対応を正しくとらえることが重要である．そのために形態形質の変異の遺伝支配，すなわち「いくつの遺伝子座のいくつの対立遺伝子によって支配されているか．その遺伝子はどの染色体上に乗っているのか」を明らかにするための方法を確立する必要がある．

　本章は，水産動物の形態形質を変異のとらえ方によって質的形質と量的形質に区分し，それぞれの遺伝支配について述べる．また，現在急速に進展している分子生物学的手法を取り入れた将来の形態形質の遺伝支配を明らかにする今後の課題について概説する．

§1. 形態変異のとらえ方

　形態変異は，体色や斑紋のように個体間の違いが不連続変異としてとらえられる質的形質と，体形（プロポーション）などのように個体間の差が連続変異としてとらえられる量的形質に区分することができる．前者は計数可能な数（実際には 3 つ以内）の遺伝子座における主動遺伝子の支配を受けるとされる．したがって，異なる対立形質をもつ個体を用いた雌雄一対交配を行い，子およ

* 東北大学農学部

び孫における対立形質の分離をみることによって遺伝支配が明らかにされる．一方，後者は形質発現までに多くのプロセスが関与し，その一つ一つに遺伝的変異が存在するような，一般に多くの微動遺伝子が関与しているために連続変異になると考えられている．また，表現型は遺伝要因と環境要因の両方によって支配される．したがって，質的形質のように単純に子や孫の表現型の分離比からは遺伝支配を明らかにすることができない．量的形質の変異は，それがどの程度遺伝的要因によって生じているかを表す遺伝率によって与えられる．

§2. 質的形質

質的形質の変異に対する遺伝支配を明らかにするには，基本的に対立形質である野生型と変異型の個体を用いて野生型同士，野生型（雌）と変異型（雄），変異型（雌）と野生型（雄），および変異型同士の 4 種類の雌雄一対交配を行う．但し，対立形質がそれぞれ固定して現れる品種や系統がない場合は，交配に用いた親個体の遺伝子型が不明であるために，各一組ではなくできるだけ多くの組で交配させる必要がある．実際に自然集団で見つけられているキンブナの尾の長さの変異について交配実験により遺伝支配を推定した例[1]をあげて説明する．

キンブナには天然において同じ場所に尾の短い野生型と尾が伸長した長尾型が存在する（図 3・1）．この長尾型はテツギョと呼ばれる．交配は野生型♀×野生型♂が 7 組，野生型♀×長尾型♂が 2 組，長尾型♀×野生型♂が 4 組，長尾型♀×長尾型♂が 3 組の合計 16 組で行われた．それらから得られた子どもの形態形質の測定は野生型と長尾型が判別できるふ化後約 3 ヶ月以降，標準体長にして 20 mm から 30 mm 前後で行った．

尾の長さの変異を尾鰭長比 ｜100×（全長－標準体長）/ 標準体長｜ として交配組別にその分布を見てみると（図 3・2），野生型同士の交配では単峰型の分布を示したが，野生型と長尾型，長尾型と野生型および長尾型同士の組合せではどの交配組も単純な単峰型の分布にならず，いくつかは明確な二峰型になっていた．その分布から不連続に区分できる 33% 未満と 33% 以上で 2 つに分けてそれ以上を長尾型，それ未満を野生型としてそれぞれの出現個体数を計数して表 3・1 に示した．これをみると，野生型同士の交配ではどの交配も野生型

の子どものみが出現し，長尾型同士の交配では野生型と長尾型の子どもが出現した．このことは野生型が劣性形質で長尾型が優性形質である可能性を示唆している．しかし，野生型と長尾型の正逆交雑ではどの交配も野生型と長尾型の子どもが出現したが，その分離比は交配によってばらつき，一定にはならなかった．したがって，長尾型の遺伝は単純な 1 遺伝子座支配では説明できないことを示した．

そこで長尾型が 2 遺伝子座支配によるものとし，2 つの遺伝子座（*Cf-1* と *Cf-2*）のそれぞれにおいて長尾を示す優性遺伝子（*L1* および *L2*）と，それらの劣性対立遺伝子（*l1* および *l2*）があると仮定して，各交配における子どもの表現型の分離比を検定した結果，表 3·1 に示すよ

キンブナにおける尾の長さの変異

交配実験により得られた稚魚（ふ化後168日目）

図3·1　キンブナの野生型と長尾型および交配で生まれた稚魚

うに観察値は期待値とよく一致した．すなわち，長尾型の遺伝子型は（*L1/L1, L2/L2*），（*L1/l1, L2/L2*），（*L1/L1, L2/l2*）および（*L1/l1, L2/l2*）であると推定できた．これを実証するには，ここで遺伝子型が推定できた長尾型のヘテロ接合体個体と野生型の劣性ホモ接合体との交配（戻し交配）を行い，そこから得られた子どもの表現型が期待される分離比と合わなければならない．さらにこ

の遺伝子の染色体上の位置を知るためには他の形質の変異を見出し，交配実験によって子どもの表現型の分離から連鎖関係の解析を行わなくてはならない．しかし，この交配実験の結果によって長尾型の品種や系統を効率的に作成する

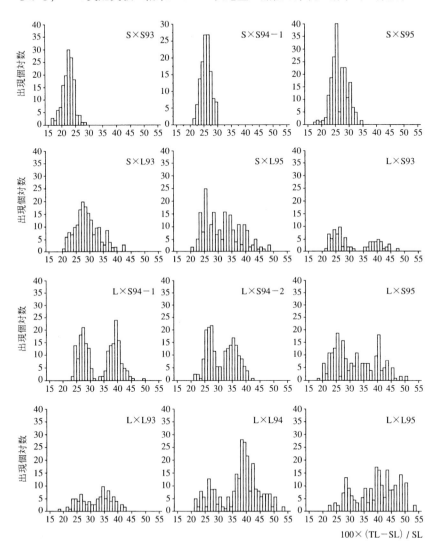

図3·2　キンブナの交配実験によって得られた子集団の尾鰭体長比の分布
S：野生型，L：長尾型，グラフ上の数値は交配年を示す

方策が構築できることになり，水産育種の足がかりとなる．実際，国の天然記念物である宮城県魚取沼のテツギョの保全にはここで示した長尾の遺伝子をどのように保存していくかの方策を構築する上で重要な資料となるだろう．

表3・1 交配実験によって得られた子どもの長尾型と野生型の分離個体数および分離比

交配親の型 ♀×♂	各表現型の観察値と期待値 合計	野生型	長尾型	期待される 分離比
野生型×野生型				
S×S 93	139	139 (139.0)	0 (0.0)	1:0
94-1	126	126 (126.0)	0 (0.0)	1:0
94-2	93	93 (93.0)	0 (0.0)	1:0
94-3	131	131 (131.0)	0 (0.0)	1:0
94-4	148	148 (148.0)	0 (0.0)	1:0
94-5	161	161 (161.0)	0 (0.0)	1:0
95	200	200 (200.0)	0 (0.0)	1:0
野生型×長尾型				
S×L 93	181	144 (135.7)	37 (45.3)	3:1
95	200	120 (125.0)	80 (75.0)	5:3
長尾型×野生型				
L×S 93	85	52 (53.1)	33 (31.9)	5:3
94-1	207	98 (103.5)	109 (103.5)	1:1
94-2	207	119 (129.4)	88 (77.6)	5:3
95	200	120 (125.0)	80 (75.0)	5:3
長尾型×長尾型				
L×L 93	95	47 (41.6)	48 (53.4)	7:9
94	268	66 (67.0)	202 (201.0)	1:3
95	200	49 (50.0)	151 (150.0)	1:3

　水産動物のうち実験動物の質的形態形質の変異の遺伝支配を明らかにした研究はメダカやグッピーで報告され，優れた総説がでている [2~5] ので参照されたい．産業的な水産動物では多くの形態変異を保有するキンギョにおいて多くの交配実験がなされている．松井 [6] は日本産キンギョの各品種の形態的変異について，尾鰭の形，色彩，体形などを詳細に調べ，交配実験により系統関係を明らかにしたばかりではなく，出目性の遺伝支配について劣性遺伝子 (d) が要因であることを報告している．また，キンギョの透明鱗の遺伝支配についても多くの交配実験を行い，優性透明鱗性因子 (T) と普通鱗性因子 (t) のほかに，

別の遺伝子座における劣性の網透明鱗性因子 (n) とそれに対して優性の普通鱗性因子 (N) の存在を示し，N と n は T に対して下位にあることを示した．さらに，キンギョの尾鰭と臀鰭の形態変異について交配実験を行ったが，そこで得られた子どもにおいて複雑な分離を示し，明確な遺伝支配は明らかにできなかった．養殖ゴイなどの魚類の形態形質の変異に関する遺伝支配についてはキルピチニコフは著書 [5] で詳しくまとめている．そのほかには，無紋ニジマス [7] や無紋ヤマメ [8] などが報告されている．また，貝類ではアコヤガイの色彩 [9, 10] やアサリの貝殻の模様 [11] に関する遺伝支配の報告がある．いずれにしても報告例は余り多いとはいえない現状である．これは質的形態形質の変異があまり見つけられてこなかったか，見つけても産業的重要性がないために棄却してきたことによるだろう．そしてその遺伝様式を明らかにするためには多くの交配実験を必要とするために系統的に調べられてこなかったことがあげられる．

§3. 量的形質

　連続的変異を示し，遺伝子との一対一の関係が明確ではない量的形質の遺伝的評価は「遺伝率」を求めていくことになる．遺伝率とは，広義には「ある集団の表現型分散（Vp）に対する遺伝子型に起因する遺伝分散（Vg）の割合」と定義され，狭義には「ある集団の表現型分散（Vp）に対する遺伝子の平均効果によって生じる分散（Va）の割合」と定義される [12]．すなわち，表現形質の全変異性における遺伝的変異性の割合であり，表現型のばらつきのうち，どの程度が遺伝的要因によって生じているのかを表す指標である．

　遺伝率の推定法には大きく分けて（1）選択反応による実現遺伝率，（2）親子間の回帰による遺伝率，（3）近親の形質間相関による遺伝率，（4）近縁間と遠縁間の分散分析による遺伝率がある [12, 13]．これらの推定法のうち，多産で体外受精が容易にできる特徴をもつ水産生物では，雌雄一対交配による完全同胞や，染色体工学的手法を用いて作成したクローンを用いて，近縁間と遠縁間の分散分析によって遺伝率を求めている報告がある [14~17]．

　表現型分散（Vp）は遺伝分散（Vg）と環境分散（Ve）の成分からなり，遺伝率（h^2）は表現型分散における遺伝分散の割合（Vg/Vp＝Vg/(Vg＋Ve)）で求められる．したがって，遺伝率は環境分散か遺伝分散を消去できればその推

定が容易になる．クローン（集団）は同じ遺伝的組成をもった個体の集まりであることからクローン内の遺伝分散（Vgc）は 0 であり，クローン内でみられた表現型分散（Vpc）は環境分散（Vec）に等しいことになる．このクローンと同時に作成し，同じ環境で飼育した正常 2 倍体集団の環境分散（Ve）の値はクローンと同じになるから（Ve＝Vec），その集団の遺伝率は，その表現型分散（Vp）からクローンの表現型分散（Vpc）を差し引いた残りを集団の表現型分散で割ったものになる（h^2＝Vgs/Vps＝(Vps-Vpc)/Vps）．また，クローンは分散分析による遺伝率の推定にも適用できる．すなわちクローン間の表現型分散はクローン内の遺伝分散が 0 であるから，クローン内の分散を環境分散（σ_E^2），クローン間の分散を遺伝分散と環境分散の和（$\sigma_E^2+k\sigma_G^2$）としてとらえ，全分散に対する遺伝分散の値を求めることができる．谷口[14]はアユの 4 クローンに対して一卵性双生児モデルの分散分析を適用した量的形態形質の遺伝率を求めている．その結果，遺伝率が 0.6 以上の高い値を示した形質は頭長比，上顎長比，尾柄高比，背鰭条数，尻鰭条数である．このことは 4 クローンにおいてみられたこれらの形態変異は多くの部分が遺伝的要因によって生じていることを示している．

　水産生物においても多くのクローンを作成することは容易ではない．また，いくつものクローンを作成してある形質の遺伝率を求めたとしても，それは作成できたクローンの集まりの中だけの遺伝的変異を求めていることになる．そこでクローンを用いて求めた遺伝率の基本的考え方を応用して，近似的に雌雄一対からの兄弟すなわち完全同胞をいくつも作り，家族内兄弟間の分散を環境分散に近似させ，家族間の分散を環境分散と遺伝分散の和として遺伝率を求める方法がある．木島・藤尾[18]はエゾアワビの 6 組の完全同胞を対象として分散分析により形態形質である殻長比，殻幅比，殻高比の遺伝率を求めている．それによれば遺伝率はそれぞれ 0.288，0.782，0.524 であった．この値は正確な遺伝率を表していないが，近似値としてみることができ，調べた 6 組におけるアワビの殻のプロポーションは遺伝的要因が大きく関与しているものもあることが示された．このほかにも多くの量的形質の遺伝率に関して多くの研究がなされている．水産生物の量的形質の遺伝率に関する研究は水産育種 No. 21に総説が掲載されている[13~16, 18, 19]．

　遺伝率はある量的形質の連続変異に対して遺伝的要因の程度を表す指標にすぎず，遺伝支配を明らかにしたことにはならない．しかし，水産育種にとって重要な育種目標となるのは量的形質であることから，この形質の遺伝をさらに正確にとらえる必要がある．量的形質は基本的にその形質が発現するまでに多くのプロセスが関与し，その一つ一つにおいて遺伝的変異が存在すると考えられる．その一つ一つのプロセスにおいてはメンデル遺伝に従った変異であることから，量的形質の変異は質的形質の変異の集合体としてとらえられるはずである．したがって，量的形質をその発現に関与するプロセスを一つ一つのエレメントとして区分し，遺伝支配を明らかにすることができれば，水産育種の手法は大きく進展することになる．これを行うためにはこれまでの交配実験に加えて分子生物学的手法の導入を行う必要があるだろう．

§4. 今後の課題

　産業的に重要な水産生物の形態形質が水産育種において重要であるとの認識がなされながら，これまで形態形質の遺伝学的研究が精力的になされてこなかった．この要因として，水産生物の生産主体がこれまで漁獲や栽培漁業であったために，種苗生産技術が確立されても，そこから生まれる変異体（ミュータント）に価値はなく，見過ごされるか棄却されたと考えられる．すなわち，一つの形態形質の遺伝支配を明らかにするには多くの組合せの交配実験を行ったり，孫世代での形質の分離を調べなければならず，産業的に価値がない変異体の遺伝支配の解明に費やす労力はなかったものと考えられる．しかし，とる漁業からつくり育てる漁業へ，そして付加価値の高い水産生物品種の作成を期待する時代に入った今日，品種として可視的に判定できる価値ある形態的特徴や，形態形質と成長や耐病性などとの関連性を明らかにすることが重要なポイントになってきたといえよう．

　産業対象の水産動物は多産の種が多く，形態形質の遺伝支配の把握には雌雄一対交配による子どもの表現型の分離を調べればよい利点をもっている．しかし一方では対象種が多い特徴があり，多くの種に共通した形態形質の遺伝支配をより効率的に，より普遍的に把握する方法の確立が望まれる．

　近年，分子生物学的技術の目覚ましい進展により，遺伝子の本体である DNA

の塩基配列の決定やその変異を高度に分析できるようになった．また，それら
の配列が存在する染色体上の位置をとらえることのできる技術も確立されつつ
ある．これらの技術を取り入れた解析が今後の課題となるだろう．

　その方向性を図 3·3 に示した．いずれにしても基本になるのはより多くの形
態形質の変異を探索することから始まる．これらの変異について交配実験を行
い，遺伝支配を明らかにする．一方で，形質の変異と関連した遺伝子の領域，
あるいはそれとは直接関係ないが遺伝的変異がある領域の DNA の塩基配列を
決定したり，アイソザイムの変異を検出する．これらの遺伝支配も交配実験に
よって確証しておく必要がある．これで一つ一つの部品が用意できることにな
るが，それらを統合して行くためには，交配実験によってそれぞれの部品間の
連鎖関係を解析し，遺伝子地図を作製する．これをデータベースとして保存，
公開することによって標識遺伝子のリストや染色体地図が作製できる．これら
の情報を基に，近縁種での遺伝的変異の探索と形態形質の変異の探索が効率的
にできる可能性がある．この探索を蓄積することによって，種に普遍的な変異，
属に普遍的な変異，科に普遍的な変異などの整理ができるだろう．

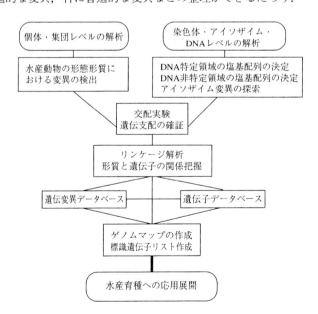

図 3·3　形態形質の遺伝的評価の今後の方向性

　ヒトなどで進められているポジショナルクローニング法は一つの有効な方法になると期待できるが[20]，形質と遺伝子の基本的関係が明らかにならなければ，量的形質などは確実に連鎖関係を把握できないだろうし，多くの遺伝子座に存在するのであれば他の育種方策を考えなくてはならない．いずれにしても，個体レベルにおける形態形質の変異の探索と遺伝子レベルでの変異の探索，そしてそれらの関係についてのより多くの情報の蓄積が求められることになるだろう．また，このことが，地道で労多く即効性がないが，水産動物の育種を進展させるためにより効率的，普遍的に行う近道になると思われる．

文　献

1）木島明博・伊藤慎一・飯塚晃朗・長谷川新・上田賢一：水産育種，**26**，印刷中（1998）．

2）富田英夫：遺伝，**32**，47-54（1978）．

3）山本時夫：遺伝，**24**（12），36-40（1970）．

4）岩松鷹司：「メダカ学」第 8 章，サイエンティスト社，1993，pp.273-296．

5）ヴェ・エス・キルピチニコフ：「魚類育種遺伝学」山岸　宏・高畠雅映・中村　将・福渡淑子訳，恒星社厚生閣，1983，pp.53-115．

6）松井佳一：水産講習所研究報告，**30**（1），1-82（1934）．

7）加藤禎一：海洋科学，**8**（7），21-25（1976）．

8）位田俊臣・岡本成司・大川雅登・佐藤陽一：水産育種，**6**，34-36（1981）．

9）和田克彦・古丸　明：日水誌，**56**，1787-1790（1990）．

10）和田克彦・古丸　明：海産貝類の殻色の遺伝的変異とその育種と利用，「海洋生物の石灰化と組織」和田浩爾・小林巌雄編，東海大出版会，1996，pp.37-49．

11）岸岡正伸・立石　健・酒井治巳・鬼頭鈞・井手尾寛・松野　進：水産育種，**25**，91-97（1997）．

12）D. S. ファルコナー：量的遺伝学入門，田中嘉成・野村哲郎共訳，蒼樹書房，1993，pp.209-236．

13）佐藤良三：水産育種，**21**，27-43（1995）．

14）石川　豊：水産育種，**21**，3-13（1995）．

15）中嶋正道：水産育種，**21**，45-55（1995）．

16）谷口順彦：水産育種，**21**，57-66（1995）．

17）木島明博：水産育種，**21**，67-78（1995）．

18）木島明博・藤尾芳久：平成 8 年度新品種作出基礎技術開発事業研究成果の概要．水産庁研究部研究課，東京，印刷中（1998）．

19）和田克彦：水産育種，**21**，15-26（1995）．

20）岡本信明・坂本　崇：水産育種，**25**，11-17（1997）．

II. 生理形質の発現に関する研究の現状と問題点

4. 生殖関連形質の発現

会 田 勝 美 *

　生殖現象は環境－脳－下垂体－生殖腺へと流れる情報のカスケイドにより調節されている．したがって生殖関連形質の相違は一連の情報の質的・量的差異に基づくことになる．情報は外的および内的情報に分けられ，前者としては，水温・光周期・餌条件などの環境情報が，後者としては神経系・内分泌系・栄養状態などの生理情報とその反応基盤となる遺伝情報とがかかわってくる．このように生殖関連形質は環境情報と個体のもつ遺伝情報との相互作用として規定されることから，この両者の関係の解明と，遺伝情報の解析とが生殖関連形質の発現機構を理解する上で重要となる．生殖関連形質としては，成熟開始（初産）年齢・産卵時期・産卵回数・卵質・産卵率などをあげることができる．ここではこれらのうちのいくつかの生殖関連形質について比較的育種の進んでいるサケ科魚，特にニジマスを中心に上記の観点からまとめてみた．

§1. サケ科魚における生殖関連形質の発現

1・1　成熟開始年齢

　性成熟が何歳の時に始まるかについては種によってほぼ決定されていることから，これには遺伝的要因が関与していることは確実である．また同一種内であっても，例えばニジマスでは早熟系・通常系・晩熟系が選抜育種されていたり，サクラマスでは生後1年目に雄に早熟魚が出現することから，成熟開始年齢の相違は個体間あるいは雌雄間における遺伝的要因の相違に基づくと考えられている．生理学的には，成熟の開始は，環境－脳－下垂体－生殖腺系の成立，すなわち情報の流れが生殖腺まで到達することを意味している．これには遺伝的要因とともに成長要因の関与も指摘されている．通常，繁殖期は1年に一度

・ 東京大学農学部

であり，それに向かって性成熟は魚種ごとにある決まった時期に開始される．このことは性成熟を誘導する引き金（おそらく環境要因）が1年に一度引かれ，その時点で引き金に反応できる状態に達していた個体のみが性成熟へ向かえることを意味している．この引き金に反応できる状態と体成長との間には密接な関連があることがサクラマスで指摘されている[1, 2]．

　サクラマスの早熟雄の出現を例にとると，0[+]年の6月に生殖腺指数から早熟雄（GSI 0.2）と未熟雄（GSI 0.05）の識別が初めて可能となるが，5月の時点では生殖腺指数と精巣組織像には大きな個体差はない[3]．しかし，5月初旬の時点で，体長・体重と生殖腺指数・脳下垂体のサケ型生殖腺刺激ホルモン放出ホルモン（sGnRH）量との間には正の相関がすでに認められ，さらにsGnRH量と脳下垂体中の生殖腺刺激ホルモン（GTH）Iβ量との間，GTH Iβ量とGTH IIβ量との間にも正の相関が認められた[4]．これらの相関は5月下旬にはほとんど認められなくなった．また5月初旬にサクラマス0[+]年魚雌雄の脳下垂体におけるGTH IβとIIβ量を測定したところ，GTH Iβ量には雌雄差は無く，GTH IIβ量には明瞭な雌雄差（雌では低値群のみ，雄では低値群と高値群）が存在した[4]．雌には早熟魚が出現しないことから，雄の高値群が早熟に向かう可能性が高いと推察された．すなわち，サクラマス0[+]年魚の雄では，5月に成長のよい個体で脳や脳下垂体で生殖関連ホルモンが増え始め，その中でGTH IIβ量も増え始めた個体が6月から早熟化するものと考えられた．しかし，成長が悪くても早熟化する個体や成長がよくても早熟化しない個体も存在することから，遺伝的要因の関与も存在することも確かである．

1・2　産卵時期

　産卵時期については，ニジマスにおいて早期・中期・後期産卵系が存在することが知られている．この形質の違いが遺伝的要因に基づくのか，あるいは飼育環境の相違に基づくのかについて明らかにするには，これらの系統を同一環境下で飼育して比較しなければならない．そこでこれらの3系統（早期系，山梨県水産技術センター忍野支所産；中期系，東京水産大学大泉実習場産；後期系，東京都水産試験場奥多摩分場産）を東京水産大学大泉実習場の同一環境下で飼育した．その結果，それぞれの雌の排卵時期や排精時期が再現されたことから，この形質は遺伝的形質に基づくことが示された．

　それぞれの系について，個体別に毎月採血を繰り返し，血中性ホルモン量，すなわち雌ではエストラジオールとテストステロン，雄ではテストステロンと11-ケトテストステロン量を測定したところ，早期系の雌では他系より成熟開始が約1ヶ月早く，しかも卵黄蓄積に要する期間も短いこと，中期系と後期系では成熟開始はほぼ同時期であるが，後期系は卵黄蓄積に要する期間が長いことが，雄でも早期系は他系より成熟開始が約1ヶ月早く，精子形成から排精に至る期間も短いこと，中期系と後期系では成熟開始はほぼ同時期であるが，後期系では精子形成から排精に至る期間が長いことが判明した．さらに，同一系統内でも，個体により排卵・排精時期に2ヶ月程度の開きがあることも判明した．これらの結果から，産卵時期について効率的な育種を行うには系統と個体の形質に着目することが重要であると考えられた．

1・3　産卵回数

　多くの魚は，通常1年間に1回の産卵期をもつが，その産卵期間中に1回しか産卵をしないものと繰り返し産卵を行う多回産卵魚とに分けられる．サケ科魚は前者の典型的な例である．ニジマスの場合，日照時間の短日化に伴い卵母細胞が同期して卵黄蓄積を始め，長時間かけて卵黄を蓄積した後に排卵されるという，1年を周期としたサイクルを示す．一方，繰り返し産卵を行うものの中には，性成熟が始まる時期までに卵黄胞期に達した卵母細胞のみが，その後非同期的に発達するため，これらの卵を何回かに分けて産むものや，新しい卵母細胞が次々と加入し卵黄蓄積を行うため，長期間に渡って産卵を繰り返すものなどがある．これらの違いがどのような調節機構に基づくのかはよく分かっていないが，上述した卵母細胞の新規加入・発達様式の違いが種の相違に基づくことから，脳－脳下垂体－生殖腺へと流れる情報のカスケイドが種特異的な遺伝的要因による修飾を受けているものと推察される．

　ニジマスは1年に1回産卵をするが，1973年に埼玉県水産試験場熊谷支場で初夏に排卵した魚が偶然発見された．これが継代された結果，現在では年2回産卵系ニジマスとして系統化されている．初産は生後2年半（最近では1年半）経過した冬産卵期に起こり，その後約半年おきに排卵を繰り返すが，冬産卵期にはほとんどすべての個体が同期して排卵するのに比して，夏産卵期の排卵率は50～80％と低く，また排卵時期も同期しない[5]．なぜ約半年おきに排卵

42

が可能となったのか，また夏産卵期になぜ排卵しない個体が存在するのか，など興味深いが，これらはまだ未解明のまま残されている．この系統のニジマスは産卵回数がどのように決定されているのかについて調べるためのよいモデルになると思われる．

そこで通常の年 1 回産卵系ニジマスと年 2 回産卵系ニジマスを同一環境下で飼育し，同一個体から毎月採血を繰り返して血中ホルモン量の変動を調べるとともに，生殖関連形質を比較した．その結果，年 1 回産卵系の雌個体では，すべての個体の血中エストラジオール値が冬産卵後から約半年間，短日化が始まるまで低値のまま維持されたのに対して，年 2 回産卵系の雌個体では，図 4・1 に示したように冬産卵直後から血中エストラジオール値が上昇を始め卵黄蓄積を開始する個体と，まったくエストラジオール値が上昇しない個体に分かれることが判明した．このことから年 2 回産卵系ニジマスのうち血中エストラジオール値が上昇しない個体は年 1 回産卵形質をまだ保持している個体と考えられた．これは年 2 回産卵系がまだ純系とはなっていないことを意味している．冬産卵後，すぐに血中エストラジオール値が上昇を始める個体は年 2 回産卵形質

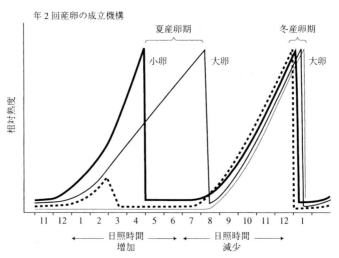

図4・1　年2回産卵系雌ニジマスにおける成熟の様相
夏産卵期は長く，冬産卵期は短い．太実線は冬産卵後の再成熟が早く小卵を産む個体，中太実線は再成熟が遅れたものの成熟を続け大卵を産む個体，点線は再成熟が遅れたため成熟が途中で抑制される個体，細実線は再成熟が起こらない個体（年1回産卵系と同じ）を模式的に示す．

を獲得した個体と考えられるが，これらも個体別に追跡すると血中エストラジオール値が上昇を続け排卵にまで至る個体と途中で血中エストラジオール値が減少し成熟が停止してしまう個体とにさらに分かれることが分かった[6]．個体別の血中エストラジオール値の推移から判断すると，冬産卵直後から再成熟が始まるが，再成熟の速度に個体差があり，2月の時点で血中エストラジオール値がすでにかなり高値に達した個体は成熟を続け早期に排卵に至ること，血中エストラジオール値が中位の個体では排卵には至るものの排卵時期が遅れること，血中エストラジオール値が上昇を始めたもののそれほど高くない個体ではその後低下し成熟が抑制されることが判明した．これらの事実は，年2回産卵形質は遺伝的要因に基づくが，必ずしもこの形質をもったすべての個体が卵黄蓄積を継続し夏産卵期に排卵に至るわけではなく，一部個体では途中で成熟が抑制されることを示している．おそらく再成熟が遅れた個体では，日照時間の長日化により成熟へ向かう情報のカスケイドが遮断されたものと考えられる．すなわち年2回産卵という遺伝形質の発現が長日化という環境要因により修飾されうることを意味している．しかし，その機構は不明である．

　夏産卵期に排卵した個体もしなかった個体も，12月に同期して排卵した．血中エストラジオール値は7月頃から同期して急上昇を始め，10月にピークに達した後，同期して急減したことから，冬産卵期に向かってすべての個体が同期して成熟を始めたことにより排卵が同期したことが判明した[6]．同期した成熟の開始は，短日化により引き金が引かれたものと考えられる．これらの事実は，年2回産卵系ニジマスにおいても短日化に反応して急激に成熟を始めるという光周性は保持されており，年2回産卵現象が光周性の喪失により引き起こされたわけではないことを意味している．年2回産卵系ニジマスが光周性を保持していることは我々が行った別の実験でも明らかになっている．年2回産卵系の雄でも約25％の個体が年2回の成熟をすることも判明している[7]．

　それではどのような要因により年2回産卵が可能となったのであろうか？そこで冬産卵直後の卵巣の状態を年1回産卵系と年2回産卵系との間で比較してみた．その結果，年1回産卵系の卵巣では卵母細胞の平均卵径が0.332 mmで卵黄胞期あるいは油球期初期であったのに対して，年2回産卵系では平均卵径が0.628 mmと約2倍であり，多くの個体ですでに第一卵黄球期にまで達し

ていること，さらに卵母細胞数も年 2 回産卵系の方が多いことが分かった．すなわち年 2 回産卵を可能にした要因の一つは，冬産卵期における排卵直後の個体の卵巣内に存在する次期卵母細胞が年 1 回系に比してより発達した状態にまで達していることであると推察された．この卵母細胞が直ちに成熟に向かい長日化に抗して発達を続け排卵に至ることから，夏産卵期における排卵は，実は冬産卵期における繰り返し産卵である可能性が強く示唆された．この現象は卵母細胞の新規加入とその後の発達がどのような機構により調節されているのかという問題，言い換えれば産卵期における産卵回数はどのような仕組みにより調節されているのかという問題に帰結する．

年 2 回産卵形質をもったニジマスが出現した背景には，（1）早期産卵魚の選抜を繰り返したことから産卵時期が早まり，その結果，春季の長日化による成熟抑制が始まる前に成熟がある程度進行しうる時間的余裕が生じたこと，（2）自然環境下ではニジマスの産卵期は 3，4 月であることから成熟がかなり進んだ個体では元々長日化条件で排卵可能な形質をもっていたこと，（3）湧水を使用できる環境下では冬季の水温の低下による成熟の停止が起こらないこと，（4）飼料の質的向上に伴う親魚の栄養条件の改善などが考えられる．

1・4　卵径

卵径の大小は蓄積された卵黄物質の多寡を意味するので，卵質の良否にもかかわる重要な点である．しかし，卵径が具体的にどのような仕組みで決定されているのかについては非常に興味深い問題ではあるが，よく分かっていないのが実体である．

卵径は魚種により異なることから，遺伝的要因の支配下にあることは明白である．また同一種でも個体により卵径がわずかではあるが異なっている．この場合は遺伝的要因と生理的要因の両者の関与が考えられる．さらに同一雌個体でも初産時はやや小さい卵を産むことも知られており，詳細は不明だが生理的要因の相違に基づくものと考えられている．年 2 回産卵系ニジマスの場合は同一雌個体が冬産卵期には大卵を，夏産卵期に小卵を産むという興味ある結果が得られている．この結果は，基本的には遺伝的要因に基づく卵径が環境条件の修飾を受けうることを示していて興味深い．

年 2 回産卵系ニジマスの場合，表 4・1 に示したように，12 月に同期して排

卵した後，夏産卵に至る期間の長短に応じて卵径と生殖腺指数に大小が生じて
いる [5]．しかし，その後冬産卵に至る期間の長短にはかかわらず，冬産卵期に
はいずれの群も同じサイズの卵を産む．血中エストラジオール値の変動から，

表4・1　年2回産卵系ニジマスの夏産卵期と冬産卵期における卵径とGSIの比較

排卵群	夏産卵期			冬産卵期		
	日数	卵径 (mm)	GSI (%)	日数	卵径 (mm)	GSI (%)
4月24日群	150	3.55**	11.1**	244	4.26	16.9
5月8日群	164	3.90**	13.8**	228	4.18	17.3
5月22日群	178	4.15	13.8**	221	4.28	17.7
6月5日群	192	4.25	15.6*	210	4.47	18.0
6月28日群	215	4.20	16.4	183	4.18	17.8
7月28日群	245	4.20	17.7	160	4.05	19.3
夏非排卵群				391	4.49	16.1

* $p < 0.05$,　** $p < 0.01$　Duncan の多重検定による

夏産卵期の場合は排卵時期によって卵黄蓄積期間が異なり，短い卵黄蓄積期間
で排卵した群では小卵を産むことが明らかとなった．冬産卵期では夏産卵の有
無，夏産卵後の経過日数にかかわらず，同期して7月ころから卵黄蓄積が始ま
るために同サイズの卵として排卵されることも判明した．冬産卵後なぜ短期間
で卵黄蓄積量も不十分なまま排卵されてしまうのであろうか．通常は卵黄蓄積
が終了した後，GTH II の大量分泌によって卵成熟が誘起され，卵母細胞は排
卵される．おそらく冬産卵後急速に再成熟を開始した個体では長日化により早
めに GTH II の分泌が誘発されてしまうのではないかと推定される．一方，冬
産卵後再成熟は始まったものの長日化が顕著になる時期までにさほど成熟が進
んでいない個体では，逆に GTH II の分泌開始が遅れることにより排卵時期が
遅れ，したがって大きな卵を産むものと考えられた．さらに成熟の遅れた個体
では，長日化により，成熟そのものが抑制されてしまうことは前述した．長日
化の環境では個体の成熟度が異なると，異なる反応が誘起されることを示唆し
ていて大変興味深い．詳細な機構については今後の検討課題である．

§2. 魚類における産卵時期の多様性

　魚類における産卵期は種により様々に異なり，産卵時期の違いから春産卵魚，

春〜夏産卵魚，秋産卵魚，夏産卵魚，冬産卵魚，さらに春と秋の2回産卵期を
もつ春・秋産卵魚などに分けられる．このことは，それぞれの魚種は種特有の
生殖年周リズムをもつことを示している．それでは種に特有な生殖年周リズム
はどのような要因により成立しているのであろうか．表4・2にモデル魚を用い
て行った実験の結果に基づいた産卵期開始要因，産卵期終了要因をまとめた．

表4・2　魚類の産卵期開始要因と終了要因

	開始要因	終了要因
春産卵魚	水温上昇	高水温
春−夏産卵魚	水温上昇	短日化
秋産卵魚	短日化	水温低下
夏産卵魚	水温上昇	水温低下
冬産卵魚	水温低下	水温上昇
春・秋産卵魚	春　水温上昇	高水温
	秋　短日化	水温低下

この結果から，魚類の産卵時期の多
様性は種特有の光周性と水温適性に
基づくことは明らかである．魚類の
光周性については，光周性をもつも
のと，もたないものに分けられ，さ
らに光周性をもつものは長日性と短
日性を示すものとに分けられること，
また生殖に関する水温適性について
は，高温，中温，低温を好むものとに分けられる．いずれも遺伝的要因であり，
これらの光周性と水温適性にかかわる遺伝的要因の組み合わせにより多様な産
卵期が魚類においてみられるものと考えられる．しかし具体的にどのような遺伝
子がこれにかかわっているのかについては魚類では知見はない．この点も今後
の課題である．

§3. 生殖腺刺激ホルモン遺伝子の発現調節

　生殖関連形質の発現には生殖関連ホルモンの動態が主働的に関与しているこ
とから，これらのホルモン遺伝子の発現がどのように調節されているのかを明
らかにすることが生殖関連形質の発現機構を明らかにするうえで重要である．
現在，我々は主に生殖腺刺激ホルモン，生殖腺刺激ホルモン放出ホルモンなど
の遺伝子発現にかかわる環境および生理的要因や遺伝子上流域についても解析
を進めている．キンギョを例にとると，脳下垂体のGTH I β mRNA量は水温
10℃で高く，GTH II β は20℃で高いこと，また2週間給餌量を制限すると成
熟雄ではGTH I β，II β mRNA量が減少するのに対して，成熟雌では変化しな
いなどの興味ある結果を得つつある．さらに性ホルモンを未熟な雌雄キンギョ
に投与すると，GTH I β mRNA量は減少するのに対して，II β mRNA量は増加

すること，しかし成熟した雌雄では大きな変化が生じないことも分かってきた．
性ホルモンに対する GTH I β と II β 鎖遺伝子の正反対の反応はニホンウナギで
も認められている．さらに GTH 遺伝子の発現調節にかかわる上流域の解析も盛
んに行われるようになってきた．我々もキンギョの GTH I β，II β 鎖遺伝子お
よび GTH 分泌を促進する脳ホルモンの一種のサケ型 GnRH 遺伝子の上流域の
解析を行っており，GTH I β 鎖遺伝子には ARE，ERE，TRE，GSE（SF1），
GnRH-RE が，GTH II β 鎖遺伝子には ARE，ERE，GSE（SF1）が，sGnRH
遺伝子には ARE，ERE，APP が存在することが分かってきた．サケ科魚の
GTH II β 鎖遺伝子上流域についても詳細な解析がすでに行われている [8~10]．

　生殖現象は環境－脳－脳下垂体－生殖腺へと流れる情報のカスケイドにより
制御されていることから，これには多くの遺伝子，例えば，光周性や水温適性
に関与する遺伝子，生物時計に関与する遺伝子，生殖細胞の分化・発達に関与
する遺伝子，卵黄形成・物質代謝に関与する遺伝子，生殖関連ホルモンの遺伝
子とこれらのホルモンの合成・分泌に関与する遺伝子などが関与している．生
殖関連形質について育種を進めるにあたっては，変異体の発見や人為的作出と
ともに，これらの遺伝子の同定とその発現機構の解明が必要である．

文　献

1 ） H. Utoh : *Bull. Fac. Fish. Hokkaido. Univ.*, 26, 321-326（1976）.

2 ） H. Utoh : *Bull. Fac. Fish. Hokkaido. Univ.*, 28, 66-73（1977）.

3 ） M. Amano, S. Kitamura, K. Ikuta, Y. Suzuki and K. Aida : *Gen. Comp. Endocrinol.*, 105, 365-371（1997）.

4 ） M. Amano, K. Aida, N. Okumoto and Y. Hasegawa : *Fish Physiol. Biochem.*, 11, 1-6（1993）.

5 ） K. Aida, K. Sakai, M. Nomura, S.W. Lou, I. Hanyu, M. Tanaka, S. Tazaki and H. Ohto : *Bull. Japan. Soc. Sci. Fish.*, 50, 1165-1172（1984）.

6 ） S.W. Lou, K. Aida, I. Hanyu, K. Sakai, M. Nomura, M. Tanaka and S. Tazaki : *Aquaculture*, 43, 13-22（1984）.

7 ） S. W. Lou, K. Aida, I. Hanyu, K. Sakai, M. Nomura, M. Tanaka and S. Tazaki : *Gen. Comp. Endocrinol.*, 64, 212-219（1986）.

8 ） F. Xiong, D. Leu, Y.L. Drean, H. P. Elsholts and C. L. Hew : *Mol. Endocrinol.*, 8, 771-781（1994）.

9 ） F. Xiong, D. Leu, Y. L. Drean, H. P. Elsholts and C.L. Hew : *Mol. Endocrinol.*, 8, 782-793（1994）.

10） D. Liu, F. Xiong, and C. L. Hew : *Endocrinology*, 136, 3486-3493（1995）.

5. 免疫機構

中 西 照 幸 *

　免疫応答に関与する分子には，免疫グロブリン，T 細胞レセプター，主要組織適合遺伝子複合体（MHC）など抗原の認識にかかわるものや補体，リゾチームなど非特異的生体防御にかかわるもの，あるいはサイトカインのように細胞機能の制御にかかわるものなど種々様々なものが存在する．これらのうち，免疫グロブリン，MHC，トランスフェリン，補体タンパクの C2, C3, C4 および B, H 因子などが多型性を示すことで知られている．そこで，今回のシンポジウムでは，著しい多型性を示すとともに，疾患感受性との強い相関や家系分析などにおいて，育種あるいは遺伝学の対象となっている MHC に注目し，魚類における MHC 多型研究の現状と展望について述べる．

§1. MHC の構造と機能

　MHC は当初同種移植片の拒絶にかかわる分子として同定されたが，その後，各種の免疫応答を支配する分子として知られるようになった．ところが，近年抗原ペプチドと結合し，これを T 細胞が認識することが明らかとなり，MHC の抗原提示機能が注目されるようになった．MHC 分子には，構造的にも機能的にも異なる 2 つのクラスが存在する．MHC クラス I 分子はほとんどすべての有核細胞に発現され，自己タンパク質，ウイルスタンパク質などに由来する主として細胞内で合成されたペプチドを結合し，CD8 陽性の T 細胞（主にキラー T 細胞）に提示する．一方，クラス II 分子はマクロファージや B 細胞など一部の免疫細胞に限って発現され，外来のタンパク質抗原由来のペプチドを結合して，CD4 陽性の T 細胞（主にヘルパー T 細胞）に提示する機能を有する．クラス I, II 分子いずれもヒトでは第 6 染色体，マウスでは第 17 染色体の短腕部の限られた領域に位置し，これら MHC 領域には，クラス I, II 分子に加えて，C2, C4, B 因子などの補体成分，ストレスタンパク（HSP 70），

---

* 水産庁養殖研究所

腫瘍壊死因子（TNF）など免疫応答に関与する多くの遺伝子が連鎖している．クラス I は，$\alpha 1$，$\alpha 2$ および $\alpha 3$ の 3 つの細胞外領域からなる α 鎖と $\beta 2$ ミクログロブリン（$\beta 2$ m）の結合した分子で，$\alpha 1$，$\alpha 2$ 領域が抗原の結合に関与し，著しい多型が存在する．一方，クラス II は，それぞれの 2 つの細胞外領域からなる α 鎖と β 鎖から構成され，細胞膜から離れた部位の $\alpha 1$，$\beta 1$ 領域が抗原と結合し多型性に富む．

§2. 魚類における MHC 遺伝子の存在

魚類の MHC については，筆者らのグループが PCR 法によりコイの MHC

表5·1　魚類における MHC 遺伝子-単離の現状

	クラス IA	クラス IIA	クラス IIB	B2-m
硬骨魚類				
コイ	クラス IA	クラス IIA	クラス IIB	B2-m
ギンブナ	クラス IA			
ゼブラフィッシュ	クラス IA	クラス IIA	クラス IIB	B2-m
グッピー	クラス IA		クラス IIB	
ティラピア				B2-m
シクリッド			クラス IIB	
バーベル			クラス IIB	
大西洋サケ	クラス IA	クラス IIA	クラス IIB	
カラフトマス	クラス IA			
ニジマス	クラス IA		クラス IIB	B2-m
シロザケ			クラス IIB	
チヌークサーモン	クラス IA		クラス IIB	
ギンザケ	クラス IA			
ストライプトバス		クラス IIA	クラス IIB	
パーチ			クラス IIB	
フグ			クラス IIB	
アメリカナマズ	クラス IA	クラス IIA	クラス IIB	B2-m
大西洋タラ	クラス IA			
タップミンノウ			クラス IIB	
プラティフィッシュ			クラス IIB	
ソードテイル			クラス IIB	
総鰭類				
シーラカンス	クラス IA			
板鰓類				
ドチザメ	クラス IA			
テンジクザメ		クラス IIA	クラス IIB	

B2-m：$\beta 2$ ミクログロブリン
Manning & Nakanishi（1997）より一部改変

クラス I および II 遺伝子の単離に成功して以来[1]，これまでに 30 種以上の硬骨魚および軟骨魚から，クラス I α 鎖，クラス II α 鎖，β 鎖および β2 m をコードする遺伝子が単離されている（表 5・1）[2, 3, 4]．なお，円口類や無脊椎動物からは今のところその存在は報告されていない．これら魚類の MHC 遺伝子の構造は高等脊椎動物のそれと基本的に同じで，抗原ペプチドと相互作用する部位，β2 m や糖鎖との結合部位などのアミノ酸がよく保存されている．このように，魚類においても哺乳類と同様な構造をもつ MHC 遺伝子が単離されているが，残念ながら，いまだ分子として同定されておらず，また，その機能についても全く不明である．現在，組織・細胞における MHC 遺伝子の発現や大腸菌などを用いて発現させた産物に対する抗体の作製などにより，機能の推定や，分子の検出が試みられている．

§3. 魚類におけるMHC多型の解析

　魚類における MHC 遺伝子において多型が存在することは，これまでに幾つかの種において示唆されてきた．しかし，これまでの研究は，特定の遺伝子座の対立遺伝子に基づいて論議されてきたわけではなく，単に 1 尾の個体に複数の異なった塩基配列をもつ遺伝子が存在することや個体間で単離された遺伝子の塩基配列が異なることを示したものであった．ちなみに，クラス I 遺伝子には，抗原提示機能を有し，すべての有核細胞で発現し，かつ多型性に富む古典的クラス I（Classical class I）と呼ばれるものと，特定の細胞にのみ発現し，多型性の少ない非古典的クラス I（Non-classical class I）と呼ばれるものがある．後者の機能については，いまだよく判っていない．また，前者については，ヒトやマウスでは遺伝子座の数が 2 ないし 3 と少ないが，後者については多数存在することが知られている．

　一方，我々はコイ科魚類においてサザン・ハイブリダイゼーション分析により，クラス I 遺伝子が多数存在していることを明らかにしており[5]，硬骨魚類のレベルで既に MHC 遺伝子数の拡大が起こっていることは事実である．したがって，複数の個体から異なった塩基配列をもつクラス I 遺伝子を単離したとしても，非古典的クラス I も含めた異なった遺伝子座に由来する可能性があり，それ故，多型性を論じるためには，まず，古典的クラス I の遺伝子座を同定し，

座特異的な情報を元に，それぞれの対立遺伝子を比較する必要がある．

3·1　サメのMHC クラスI遺伝子

　我々のグループは，慢性拒絶しか示さない軟骨魚類のレベルにおいても MHC 遺伝子が存在することを世界に先駆けて証明したが[6]，最近，ドチザメの親子を用いたクラスI遺伝子の多型性について解析し興味深い知見を得ている[7]．ドチザメの古典的クラスIにはA，B 2 つの座があり，A 座の遺伝子はすべての個体で発現しているが，B 座については発現している個体としていない個体がある．A，B それぞれの座の塩基配列の特徴は '3 の非翻訳領域にある．A，B それぞれが別の座であることは，同一腹仔の子供を用いたサザンブロットによる解析により確認している．A 座については，35 個体より 69 の対立遺伝子が見つかり，同一の塩基配列をもつものはただ一つであった．このことは，軟骨魚類のレベルでも MHC 遺伝子が極めて多型的であることを物語っている．大変興味深いのは，それぞれの対立遺伝子が互いに特定の塩基配列を共有し，モザイク様になっていることである（図 5·1）．しかも，A 座の対立遺伝子間

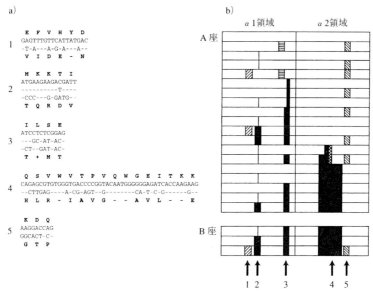

図 5·1　ドチザメ MHC クラスI分子 α1 および α2 領域におけるモザイク様構造
　　　　a の 1〜5 は特異的なアミノ酸配列を示す．b の下部の矢印は a で示した
　　　　特異的なアミノ酸配列の位置を示す．
　　　　Okamura et al.（1997）より一部改変

のみでなく，A，B 座間についても特異的なアミノ酸配列の共有がみられる．このことは，サメの MHC クラス I 遺伝子の多様性は，対立遺伝子間あるいは遺伝子座間における著しい組み換えにより生み出されていることを示している．ヒトやマウスでは，主に，点突然変異により MHC の多様性を作り出していることと比べるとずいぶん異なっている．さらに興味深いことは，α1，α2 領域といった可変部位が，α3 などの定常部位よりも脊椎動物間でよく保存されていることである（表 5·2）．つまり，α1 や α2 はヒトと魚では約45％の類似性を示すのに対し，α3 はせいぜい30％程度である．このことは，α1 や α2 は多型性に富む部位であるが，抗原ペプチドと結合するという重要な機能を有しているために，変異にも一定の制約がかかっていると考えられる．

表5·2　ドチザメと他の脊椎動物の MHC クラス I 分子 α1，α2 および
α3 領域におけるアミノ酸配列の類似性（％で示す）

Okamura *et al.* (1997)

		サケ	カエル	トカゲ	ニワトリ	ヒト
ドチザメ	α1	45	48	43	45	44
	α2	48	41	52	37	35
	α3	23	27	27	34	28
サケ	α1		43	41	42	33
	α2		40	47	45	37
	α3		29	21	29	29
カエル	α1			44	38	45
	α2			45	51	38
	α3			24	40	30
トカゲ	α1				49	41
	α2				49	45
	α3				43	37
ニワトリ	α1					38
	α2					52
	α3					33

3·2　ニジマス MHC クラス I 遺伝子の多型性解析

我々は現在，サメにおける MHC クラス I の多型性解析に引き続いて，産業的に有用なニジマスを用いて MHC クラス I 遺伝子の多型の解析を進めている．多型性の解析には，既に述べたように，まず古典的クラス I 遺伝子の単離とその遺伝子座の同定が先決である．幸い私たちの研究所や幾つかの県水産試験場には，第一卵割阻止型雌性発生法により作出したホモ接合体ニジマスを保有し

ており，我々はこれらホモ接合体ニジマスを用いて解析を進めている．ホモ接合体の動物を用いる利点は，塩基配列の異なる遺伝子が単離されれば，それらはすべて異なった遺伝子座に由来すると結論できるからである．そして，これらの遺伝子を比較することにより，座特異的な塩基配列を見出すことが可能で，対立遺伝子の解析に好都合だからである．さらに，同一の遺伝子構成をもつクローンのニジマスが存在するということは，これらの遺伝子の機能を解析する上で極めて好都合である．これまでの研究で，ニジマスの MHC クラス I の対立遺伝子は，可変部のみならず定常部位においても著しい変異を示すことを見出しており，これまでの報告にない興味深い現象として注目している．

§4. MHC 研究の応用

MHC 分子は，自己・非自己認識あるいは抗原提示といった機能に示されるように，免疫応答において中心的な役割を演じている分子であり，これに関する研究は，魚類の免疫機構を理解するために重要である．また，MHC 遺伝子の多型性の把握は，ペプチドワクチンにみられるように魚類ワクチンの設計において極めて重要な情報をもたらすと期待される．さらに，MHC 遺伝子の多型性は，感染症に対する抵抗性あるいは感受性と強い相関があることが，哺乳類や鳥類において知られており，MHC 遺伝子の多型性の解析は疾病抵抗性魚種の開発に資することも期待できる．

以上述べたことに加えて，MHC は極めて多型性に富むことから，個体群あるいは個体のマーカーとして系群の解析に利用することが期待される．これまでにも，アフリカのマラウイ湖におけるシクリッド科に属する淡水魚の種分化の解析例が報告されている [8]．これまでに，魚類集団の遺伝学的解析は，主に，アイソザイムやミトコンドリア DNA の D-loop 領域や核 DNA のミニ（マイクロ）サテライト領域の多型性を用いた系群の解析が行われている．MHC は既に述べたように疾病との相関が知られており，これら形質発現と直接関与しない領域と異なり，機能している遺伝子の多型として意味をもっている．すなわち，南北アメリカインディアンのアジア大陸からの移動や分布における MHC 解析の例に見るように [9, 10]，個体群の動態や分布が寄生虫などの疾病に対する抵抗性や感受性などとの関連において論議できるのである．これまでの

魚類集団の遺伝学的解析において標識として用いられてきたものは，適応的に中立な遺伝子であった．確かにこうした標識遺伝子は集団の分化時期，集団間の遺伝的距離および集団の構造を解析する上に有効であった．しかし，集団の遺伝的変異性がもつ意義は，これらの遺伝子では明らかにできなかった．サクラマスなどにおける河川残留型と降海型の分化における生態的に異なった集団の遺伝的構造の比較なども MHC 遺伝子を用いた解析の興味深い対象である．また，栽培漁業などの増殖事業において種の遺伝的な多様性を維持していくことの重要性が叫ばれている．このような場合においても，中立的な遺伝子マーカーよりも MHC 遺伝子のように環境による選択がかかる遺伝子マーカーの方がより適切に遺伝的多様性の分析・評価が行えると考えられる．いずれにしても，今後，従来の手法と MHC 遺伝子を用いた手法を比較検討することにより，より適切な多様性評価手法が生まれてくるであろう．

文　献

1) K. Hashimoto, T. Nakanishi and Y. Kurosawa : Proc. Natl. Acad. Sci. USA, 87, 6863-6867 (1990).

2) B. Dixon, S. H. M. Van Erp, P. N. S. Rodrigues, E. Egberts and R. J. M. Stet : Dev. Comp. Immunol., 19, 109-133 (1995).

3) R. J. M. Stet, B. Dixon, S. H. M. Van Erp, M. C. Van Lierop, P. N. S. Rodrigues and E. Egberts : Fish Shellfish Immunol., 6, 305-318 (1996).

4) M. J. Manning and T. Nakanishi : Major Histocompatibility Complex(MHC). In : Fish Immunology (Iwama, G. K. and Nakanishi, T. eds.), pp.185-194, Academic Press. (1997)

5) K. Okamura, T. Nakanishi, Y. Kurosawa and K. Hashimoto : J. Immunol., 151, 188-200 (1993).

6) K. Hashimoto, T. Nakanishi and Y. Kurosawa : Proc Natl Acad Sci USA, 89, 2209-2212 (1992).

7) K. Okamura, M. Ototake, T. Nakanishi, Y. Kurosawa and K. Hashimoto : Immunity, 7, 777-790 (1997).

8) D. Klein, H. Ono, C. O'hUigin, V. Vincek, T. Goldschmidt and J. Klein : Nature, 364, 330-334 (1993).

9) Watkins et al. : Nature, 357, 329-333 (1992).

10) P. Parham and T. Ohta : Science, 272, 67-74 (1996).

6. 耐 病 性

山 﨑 文 雄 *

　耐病性形質は広い意味では病原体の感染に対する抵抗性に関連する形質のほかに，栄養条件や環境条件に対する抵抗性に関する形質も含まれる．魚類でも他の脊椎動物と同様に栄養条件の悪化，急激な温度変化，様々なストレスに対する抵抗性に関連する形質の発現に遺伝的変異が認められ，これらの形質発現も耐病性に関連して重要な課題であるが，本論では病原体の感染に対する抵抗性関連形質と，サクラマスのウイルス性旋回病ウイルスに対する抵抗性およびその遺伝支配について論述する．

§1. 感染症に対する抵抗性形質

　魚類の感染症に対する抵抗性には様々な形質が関与する．これらの形質は2つに分けて考えられる．1つは魚が病原体に感染する以前から生体のバリアーとして有する生体防御関連形質で，これは病原体に対する最初の防衛線となる．この防衛は受動的で物理，化学的形質によるもので，皮膚の厚さ表皮中の粘液細胞の数とその中に含まれる防御関連物質，および消化器官の粘膜組織などである．皮膚を覆う粘液中にはリゾチームやプロテアーゼが含まれ，病原体に対する殺菌作用を有し病原体に対する抵抗上重要な働きをしている[1]．Cipriano and Heartwell[2] はサケ・マスの粘液がせっそう病の病原体である *Aeromonas salmonicida* の抗原性を低下させて，本病に対する抵抗性を発揮すると報告している．粘液の病原体に対する抗原性低下効果は魚種によって異なるが耐病性と深い関係があり，*A. salmonicida* に対する耐性選抜を行ったブラウントラウトではこの効果が非常に高くなっている[3]．

　第2の形質は魚が病原体の攻撃を受けた時に積極的に発動する生体防御形質で，この形質には病原体に対して非特異的に機能する形質と特定の病原体のみに機能する特異的抵抗性形質がある．非特異的抵抗性には細胞性因子として白

---

* 北海道大学水産学部

血球，マクロファージ，単球，顆粒球が関与し，液性因子としてリゾチーム，補体，プロテアーゼ，トランスフェリン，インターフェロンなどの産生が関与する．ニジマスでは前腎の白血球にインターフェロン様サイトカイン産生機能があり[4]，ウイルス（CTV）に自然感染すると，これからインターフェロン様サイトカインが産出されてウイルス（IHNV）の二次感染に対して抵抗性が増加する[5]．

　IHN ウイルスまたは VHS ウイルスを，ニジマスに実験的に感染させると血清中にインターフェロン様活性が現れることなどから，インターフェロン様サイトカインは，サケ・マスの IHN や VHS ウイルスに対する非特異的抵抗性の重要な要素とされている[4]．その他非特異的抵抗性として岡田[6]は，体温の変化による抵抗性，年齢や性による抵抗性を家畜の例で上げているが，魚でも同様の抵抗性があると考えられる．

　特異的抵抗性とはウイルスに対するレセプターをもつか否かによって決定される抵抗性，病原体に対する特異免疫によって獲得される抵抗性などである[6]．魚類においても主要組織適合複合体（Major Histocompatibility Complex, MHC）遺伝子が耐病性との関連で論議されている[7]．病気に対する抵抗性には遺伝子の関与があり，この場合主働遺伝子によるメンデル遺伝様式が適用できる抵抗性と，多くの遺伝子が関与する場合とが考えられる．飼育集団が病原体に感染した場合，生残個体は関連遺伝子の活性により抵抗性を発揮した個体として重視する必要がある．

§2. 生残率

　養殖規模で魚を飼育中に病原体の感染を受けた場合，生残個体は自然選抜を受けた個体として重要であるが，生残個体をすべて抵抗性個体，死亡した個体を非抵抗性個体として単純に取り扱うことには問題がある．何故なら死亡原因が病原体の感染のみにあるとは考えられない場合もあり，特に稚魚期の感染の場合，自然死亡や取扱の不適切，飼育環境の変化など複合的な要因による死亡や他の原因による死亡も当然考えられるからである．また逆に非抵抗性であっても感染後の日数や感染の程度，感染時期，感染した場所や年齢の違いにより生き残ることもある[8, 9]．しかし感染による急激な死亡の後の生残率は簡単に

求められるので，病原体と感染した魚の抵抗性発現の相互作用による累積効果を示す一つの指標として，また，抵抗性の遺伝支配の推定や耐病性育種の指標として便宜的に使用することができる．

§3. 系統による抵抗性の変異

コイの選抜飼育群で水腫の病原ウイルスに対する抵抗性に差のあることが知られている[10]．しかし産業的に重要な魚種についていまだ系統が確立されておらず耐病性に関して標準化ができないため，今後有用種毎に早急に系統の確立を急ぎ，耐病性研究の標準化を急ぐ必要がある．

系統に代わるものとして地方集団を使用して感染に対する抵抗性を比較した研究が幾つか報告されている．Van Muiswinkel ら[11] はコイのせっそう病の原因菌である *Aeromonas salmonicida* の菌浴感染実験を行い，異なった地方集団間で耐性に明らかな異変のあることを報告している．カナダ BC 州の Robertson creek と Kitimat river 産ギンザケの細菌性腎臓病（BKD，病原菌 *Renibacterium salmoninarum*）に対する抵抗性を生残率で比較した結果，有意な差があり病原菌注射後 113 日で Kitimat 集団では 44％，Robertson 集団では 24％の生残率を示し，前者の集団が後者に比較して BKD に対する抵抗性が高いことが報告されている[12]．

Ibarra ら[13~15] はセラトミクサ症の病原寄生虫（粘液胞子虫類）*Ceratomyxa shasta* の感染期にある病原体を水槽に入れ，この中に棲息地の異なるニジマスを実験的に入れて寄生感染させると，抵抗性のある地方系統では 13％の寄生率であったが，抵抗性のない地方系統では 90％の寄生率を示し，53 日間でほとんどの個体が死亡したと報告している[13]．さらに F_1 の寄生率から寄生に対する抵抗性は優性遺伝子によるものと推定されるが，F_1，F_2 戻し交雑の結果から単純なメンデルモデルは適用できず，抵抗性の機構に寄生虫の侵入を阻止する機構と寄生虫に対して効果的に作用する免疫機構の 2 つの機構が関与すること，また抵抗性系統群は病原体による強い自然選択の結果弱い個体が淘汰され，強い個体が生き残って生じたものと推定されている[15]．

花田・牛山[16] は発病歴のない埼玉県水試熊谷支場，散発的に発病を繰り返した静岡水試富士養鱒場，および壊滅的被害を受けた日配養魚 KK 富士宮分場の

各稚魚に，IPN ウイルスを自然感染させて各集団の抵抗性を調べた．その結果壊滅的被害を受けた集団の稚魚が最も強い IPN ウイルス抵抗性を示すことを明らかにした．また抵抗性の強い集団について 2 代にわたり累代飼育し，人為的感染法により耐病性を検討して IPN に対する耐病性が遺伝することを確かめた．

§4. 耐病性の遺伝率

　現在養殖対象魚には様々な病気が発生しているが，同じ飼育条件下にあっても個体によって病状が異なり，死亡個体が多発する中でほとんど影響を受けず元気な個体も存在する．Amend and Nelson [8) はアメリカワシントン州のWenatchee 川のベニザケ親魚から作出した完全同胞 10 家族と Cedar 川の親魚から同じく完全同胞 6 家族を作出し，これらの家族に IHN ウイルスを自然感染させて家族毎の死亡率を調べた結果，家族毎に死亡率が異なるが，大きくはほとんどが死亡する家族と中程度の死亡率を示す家族とに分離することを見ている．

　病原体に接触した個体が死亡するか生存するかは棲息環境と抵抗性に関与する遺伝子活性の総和として決定されるが，集団内で共有する抵抗性遺伝子の頻度は遺伝率に影響を与える．また病気抵抗性に遺伝的変異があって，これまで一度も感染経験をもたない集団では，自然選択が働いていないため，その病原体に対する抵抗性の遺伝率は高く維持されていると予想される．

　これまでサケ・マスを中心に幾つかの細菌性疾患に対する抵抗性の遺伝率が死亡率または死亡個体数から求められている．Beacham and Evelyn [17) は太平洋サケ 3 種の *Vibrio anguillarum*（ビブリオ病），*Vibrio ordalli*（ビブリオ病）*Aeromonas salmonicida*（せっそう病），*Renibacterium salmoninarum*（BKD）の死亡率（耐病性）に関する遺伝率を求めているが，せっそう病に対する耐病性の遺伝率が 0.00～0.34 と低い値になっている．一方 Gjedrem ら [18) は大西洋サケのせっそう病に対する抵抗性の遺伝率は 0.48（雄親成分）と高い値を示しているが，この値の違いは両種のせっそう病に対する感染歴の違いを示すもので，大西洋サケではせっそう病の感染歴がないが，太平洋サケでは感染の経験をもち，そのために抵抗性のない個体は淘汰を受けて集団内の遺伝的変異を

減少させたものと考えられている[18].

　ウイルス病に対する抵抗性の遺伝率は，ベニザケおよびニジマスで報告があり，ベニザケの IHN に対する抵抗性の遺伝率は 0.30[19]，ニジマスの IPN に対する抵抗性の遺伝率は雄親成分で 0.51，雌親成分で 0.66 と推定されている[20]．山﨑・崔[21] は，サクラマスに発生したウイルス性旋回病に対する抵抗性の遺伝率を完全同胞 19 家族から 0.56，半同胞 10 家族から 0.55 と推定した．これらの結果はウイルス病に対する抵抗性に明らかな遺伝的変異のあることを示している．

§5. ウイルス病の遺伝支配

　ウイルス病に対する魚の抵抗性の遺伝支配様式についてはこれまで知見がないが，ニワトリのマレック病[22, 23]，リンパ性白血病[6]，ラウス病[24, 25] に対する抵抗性が優性または劣性対立遺伝子による単純なメンデル遺伝様式により説明されている．またマウスの西ナイルトガウイルス病に対する抵抗性も単一優性遺伝子により支配されていることが知られている[26]．このようなニワトリやマウスの例を参考にして，山﨑・崔[21] は，サクラマスで発生したウイルス性旋回病に対する抵抗性が 1 遺伝子座の優性抵抗性遺伝子 A（Major gene）と劣性非抵抗性遺伝子 a の支配下にあるとの仮説を提唱した．

§6. サクラマスのウイルス性旋回病

　1994 年，1995 年の両年にわたり分離飼育中の摂餌開始後 1ヶ月半のサクラマス仔魚，完全同胞 20 家族，雄親を同じにした半同胞 10 家族に異常な旋回行動をとる衰弱，死亡個体が多数現れた．北大水産学部，吉水守教授によるウイルス検査の結果，ウイルス性旋回病と診断された．Oh ら[27] は本病による 1.5 g 体重のサクラマス仔魚の死亡率は本病原ウイルス（$10^{3.2}$〜$10^{3.5}$ $TCID_{50}$）の浸漬攻撃試験で 26％，注射で 54％と報告しているが，1994 年発生時の死亡率は完全同胞群で 58％，半同胞群で 37％，1995 年では完全同胞群で 46％，半同胞群で 43％であった．この値と Oh ら[27] の攻撃試験による死亡率と比較してすべての同胞群が均等にウイルスに感染したと判断された．

§7. 死亡個体数から推定される遺伝子頻度

先の仮説が正しいとすると，死亡個体の遺伝子型は aa，生存個体の遺伝子型は AA または Aa とすることができる．任意交配集団では抵抗性主働遺伝子 A の頻度を p，非抵抗性対立遺伝子 a の頻度を q（但し p＋q＝1）とした場合，p，q の値は移入や突然変異がない限り代々一定であり次の式が成り立つ．

$$p^2 + 2pq + q^2 = 1 \cdots\cdots\cdots\cdots\cdots (1)$$

そこで異なる方法で p，q の値を求めて，この値が近似するか否かにより仮説の検証を試みた．自然感染した完全同胞 20 家族は任意交配により作出されているため，総使用個体数と死亡個体数（表6・1）より（1）式を適用して，p，q の値は

1994 年では　5,344 ×q^2 = 3,097　∴　p = 0.239, q = 0.761

1995 年では　4,398 ×q^2 = 2,019　∴　p = 0.322, q = 0.678

と求められた．但し P：A の頻度，q：a の頻度

表6・1　完全同胞群　20 家族，半同胞群　10 家族の全個体数にみられたウイルス性旋回病による死亡個体数とその割合（%）

	完全同胞群			半同胞群			総合計
	1994 年	1995 年	合　計	1994 年	1995 年	合　計	1994 年＋1995 年
総使用個体数	5,344	4,398	9,742	2,700	2,360	5,060	14,802
生残数	2,247	2,379	4,626	1,699	1,338	3,037	7,663
死亡数	3,097	2,019	5,116	1,001	1,022	2,023	7,139
死亡率（%）	58	46	53	37	43	40	48

一方，半同胞群では使用した雄の遺伝子型を抵抗性の AA ホモ型とすると半同胞群はすべて AA または Aa で構成されることとなり，死亡個体は出現しないこととなる．しかし自然感染の結果では37％または43％の死亡個体が出現した．この結果から使用した雄の遺伝子型は Aa または aa でなければならない．そこで使用した雄を Aa とした場合は卵と精子の組み合わせから仔魚の集団では

$$p^2 + 2pq + q^2 = 1 \cdots\cdots\cdots\cdots\cdots (2)$$

が成り立つ [21]．

一方，使用した雄の遺伝子型を非抵抗性 aa ホモ型とした場合は卵と精子の組み合わせは（表6・2）の通りとなる．したがって仔魚の集団では

$$pq \diagup q + q^2 \diagup q = 1 \quad \cdots\cdots\cdots\cdots (3)$$

が成り立つ.

そこで半同胞群で得られた総使用個体数と死亡個体数（表 6·2）を用いて雄親を Aa としたとき q の値は (2) 式から，1994 年度では 0.609，1995 年度では 0.658 と求められるが，aa とした時は (3) 式から，1994 年度では 0.370，1995 年度では 0.433 と求めら

表6·2 半同胞の父親を aa とした時の遺伝子の組合せと出現頻度

卵	精子	頻 度	子の遺伝子型	出現頻度
A	a	p×q	Aa	pq
a	a	q×q	aa	q²

れた. この結果，雄の遺伝子型を Aa とした時の q の値が完全同胞群から求めた q の値と近似したが，aa とするとその値がずれることから，半同胞群の作出に使用した雄親は両年とも Aa 個体であったと判断された．(1) 式と (2) 式は同じ式となっているので，この式を使って，1994 年と 1995 年の完全同胞群と半同胞群のすべての個体を併せて p，q の値を求めると，

$$p = 0.306, \quad q = 0.694$$

と求められた.

§8. 親個体の遺伝子型から推定される遺伝子頻度

次に各仔魚家族の生存率から親の遺伝子型を推定し，その遺伝子型から p，q 値を求めて，死亡個体数から求めた p，q 値と近似するか否かを検討した.

8·1　完全同胞群からの推定

抵抗性の遺伝支配が 1 遺伝子座の対立遺伝子 A，a によると仮定するなら，家族の生残率は，親の遺伝子型が AA×AA，AA×Aa，AA×aa の家族では 100%，Aa×Aa では 75%，Aa×aa では 50%，aa×aa は 0%となる．したがって作出された完全同胞 20 家族の生残率は 100%，75%，50%，0%の 4 群に区分できることとなる．1994 年と 1995 年両年の結果から，AA×AA，AA×Aa，AA×aa（抵抗性）のいずれかを両親とした家族数と，Aa×Aa（75%生存），Aa×aa（50%生存），aa×aa（非抵抗性）を両親とした家族数が推定され，これを基に遺伝子頻度を求めると，p，q は両年で近似し，p＝0.337〜0.412，q＝0.588〜0.663 の範囲にあることが示された[21].

8·2　半同胞群からの推定

　1994 年に作出した半同胞 10 家族の生残率を高い順に並べて図 6·1 に示した．使用した雄親は aa，Aa，AA のいずれかであり（図 6·1），aa とした場合は半同胞群の生残率は 100％，50％，0％，の 3 群に区分され，Aa とした場合には 100％，75％，50％，の 3 群に区分される．また AA とした場合，作出される家族はすべて抵抗性をもち生残することとなる．

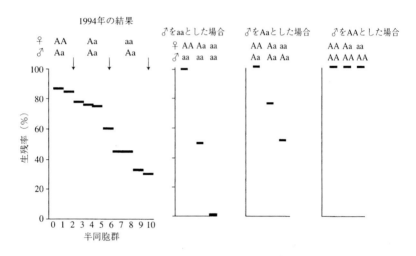

図 6·1　半同胞 10 家族におけるウイルス性旋回病感染後の生残率
　　　　雄の遺伝子型を Aa とした時のみ予想と結果が対応する．

　生残率が 0％（ほとんどが死亡）になる家族がないことから aa は否定され，すべての家族の生残率が 100％（ほとんどが生存）とはなっていないことから AA が否定される．したがって得られた結果から雄親の遺伝子型は Aa と判断された．

　同様の方法で 1995 年についても検討した結果，使用した雄親は Aa と判断された．雌親の遺伝子型は仔魚の生残率から推定される．1994 年と 1995 年の両年とも同一集団から任意に採取した個体であり，雌親の遺伝子型から遺伝子頻度を求めた結果を表 6·3 に示した．両年の結果を合わせて p= 0.375，q= 0.625と求められた．

　以上の結果，完全同胞群，および半同胞群の死亡個体数と遺伝子型から求め

た p，q の値は近似することが示されたが，遺伝子型から求めた q 値は死亡個体数から求めた値より若干小さな値となっている．この理由として，死亡個体中にウイルス以外の原因で死亡した個体も含まれていたためと理解される.

表6·3 半同胞の生残率から推定される雌親の遺伝子型と遺伝子頻度

	家族番号	家族数	雌親の遺伝子型	遺伝子数 A	a	遺伝子頻度 A	a
	1-2	2	AA	4	0		
1994	3-6	4	Aa	4	4		
	7-10	4	aa	0	8		
	合 計	10		8	12	0.4	0.6
	1	1	AA	2	0		
1995	2-6	5	Aa	5	5		
	7-10	4	aa	0	8		
	合 計	10		7	13	0.35	0.65
1994	1-2,1	3	AA	6	0		
+	3-6,2-6	9	Aa	9	9		
1995	7-10,7-10	8	aa	0	16		
	合 計	20		15	25	0.375	0.625

§9. 遺伝子型判定個体数と理論値の一致

仮定した主働遺伝子 A，と非抵抗性遺伝子 a の支配が正しければ，半同胞作出に使用した雌親の遺伝子型判定個体数と，ハーデイワインベルグの平衡式から求められる理論値が一致しなければならない．x^2 検定の結果，使用した 10 個体について両年とも，また，両年の個体数を合わせた場合も遺伝子型判定個体数と理論値は一致することが示された（表 6·4）．したがってウイルス性旋

表6·4 半同胞の作出に使用した雌親の個体数と各遺伝子の頻度から求めた期待値との比較

	遺伝子型						x^2	棄却値 (2df)
	AA		Aa		aa			
	個体数	期待数	個体数	期待数	個体数	期待数		
1994 年	2	1.6	4	4.8	4	3.6	0.2773	0.90-0.80
1995 年	1	1.2	5	4.6	4	4.2	0.0776	0.98-0.95
1994 年+1995 年	3	2.8	9	9.4	8	7.8	0.0364	0.99-0.98

回病に対する抵抗性主働遺伝子 A，とその対立遺伝子 a による遺伝支配仮説が支持された．

§10．死亡による遺伝子頻度の変化

ウイルス性旋回病ウイルスに汚染された飼育環境では非抵抗性の aa 個体は感染により死亡するため，集団中の aa 個体の割合は減少する．その結果，集団中の遺伝子 a の出現頻度は世代毎に減少する．世代毎にウイルスに感染して aa 個体がすべて死亡すると仮定した場合，t 代後の遺伝子 a の出現頻度 q_t は次の式で求められる．

$$q_t = 1 \diagup (t + 1 / q_0) \quad \cdots\cdots\cdots\cdots (4)$$

但し q_0 は 0 代目の q の値

そこで仮に完全同胞と半同胞のすべての死亡個体数から求めた遺伝子 a の出現頻度 q＝0.694 を使用して，次世代以降の q 値を（4）式により求め，さらに，世代毎の q の値を基に集団中の死亡率を求めて図 6・2 に示した．死亡率は q の値に応じて 0 世代で 48.1％ であったのが 3 代後で 5％，5 世代後には

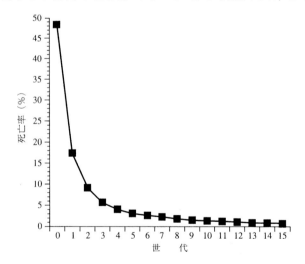

図6・2　発病によって aa 個体が各世代毎にすべて死亡すると仮定したときの死亡率の変化
0 世代で死亡率が 48.1％であったのが3世代後には 5％，10 世代後には 1％以下となる．

2.4％, 10 世代後には 0.75％まで減少する. 逆に抵抗性個体の割合が増加して集団中の主働遺伝子 A の頻度が上がり, 集団は長期的には抵抗性を獲得することとなる.

§11. 主働遺伝子

サクラマスのウイルス性旋回病に対する抵抗性に主働遺伝子が関与することを遺伝子頻度から検討したが, 今後さらに交配実験, クローン魚の作出と, これに対する攻撃試験などにより確かめる必要がある. ヒトやマウスではウイルス感染細胞表面の MHC-1 分子がウイルス断片を取込み, これを細胞傷害性 T 細胞がとらえて標的感染細胞をウイルスごと殺すことが知られている. サクラマスで MHC-1 遺伝子の存在が確認され, 少なくとも 8 つの対立遺伝子のあることが確認されたが, 今回推定された主働遺伝子と MHC-1 遺伝子との関係については不明であり, 今後の課題となろう.

文 献

1) K. Hjelmeland, M. Christie and J. Raa : *J. Fish.Biol.*, 23, 13-22 (1983).

2) R. C. Cipriano and C. M. Heartwell, Ⅲ : *Trans. Am. Fish. Soc.*, 115, 83-86 (1986).

3) R. C. Cipriano, L. A. Ford and T. E. Jones : *J. Wildlife Diseases*, 30, 577-580 (1994).

4) J. Congleton and B. Sun : *Dis. Aquat. Org.*, 25, 185-195 (1996).

5) P. H. Hedrick, S. E. LaPatra, S. Yun, K. A. Lauda, G. R. Jones, J. l. Congleton, P. Dekinkelin : *Dis. Aquat. Org.*, 20, 111-118 (1994).

6) 岡田育穂：第 11 回基礎育種シンポジウム報告, 岐阜大農, 31-42 (1990).

7) R. J. M. Stet and E. Egberts : *Fish & Shellfish Immunology*, 1, 1-16 (1991).

8) D. F. Amend and J. R. Nelson : *J. Fish. Biol.*, 11, 567-573 (1977).

9) K. T. Fjalestad, T. Gjedrem and B. Gjerde : *Aquaculture*, 111, 65-74 (1993).

10) V. S. Kirpichnikov, Ju. I. Ilyasov, L. A. Shart, A. A. Vikhman, M. V. Ganchenko, A. L. Ostashevsky, V. M. Simonov, G. F. Tikhonov and V. V. Tjurin : *Aquaculture*, 111, 7-20 (1993).

11) W. B. Van Muiswinkel, J. Komen, C. N. Pourreau, G. Houghton and G. F. Wiegertjes : Disease resistance in different carp line. in "Proceedings of the 4th World Congress on Genetics Applied to Livestock Production, Edinburgh, Vol. XVI, 174-175 (1990).

12) R. E. Withler and T. P. T. Evelyn : *Trans. Am. Fish. Soc.*, 119, 1003-1009 (1990).

13) A. M. Ibarra, G. A. E. Gall and R. P. Hedrick : *Dis. Aquat. Org.*, 10, 191-194 (1991).

14) A. M. Ibarra, R. P. Hedrick and G. A. E. Gall : *Aquaculture*, 104, 217-229 (1992).

15) A. M. Ibarra, R. P. Hedrick, G. A. E. Gall : *Aquaculture*, 120, 239-262 (1994).

16) 花田 博・牛山宗弘：静岡水試研報, 20,

51-57 (1985).

17) T. D. Beacham and T. P. T. Evelyn : *Trans. Am. Fish. Soc.*, 121, 456-485 (1992).

18) T. Gjedrem and H. M. Gjøed : *Aquaculture Research*, 26, 129-134 (1995).

19) J. D. McIntyre and D. F. Amend : *Trans. Am. Fish. Soc.*, 107, 305-308 (1978).

20) 山本　聡・三城　勇・佐藤良三・小原昌和・田原偉成：日水誌, 57, 1519-1522 (1991).

21) 山﨑文雄・崔　美敬：水産育種, 24, 29-42 (1997).

22) B. M. Longenecher, F. Parderka. J. S. Gavora, J. L. Spencer and R. F. Ruth : *Immunogenetics*, 3, 401-407 (1976).

23) W. E. Briles, H. A. Stone and R. K. Cole : *Science*, 195, 193-195 (1977).

24) L. W. Schierman, D. H. Watanabe and R. A. McBride : *Immunogenetics*, 5, 325-332 (1977).

25) W. M. Collines, W. E. Briles, R. M. Zsigray, W. R. Dunlop., A. C. Corbett, K. K. Clark, K, J. L. Marks and T. P. McGrail : *Immunogenetics*, 5, 333-343 (1977)

26) G. T. Goodman and H. Korprowski : *J. Cell. Comp. Physiol.*, 59, 333-373 (1962).

27) Myung-J. Oh, M. Yoshimizu, T. Kimura and Y. Ezura : *Fish Pathology*, 30, 33-38 (1995).

7. 水温適応性

藤　尾　芳　久 *

　水温適応性にかかわる形質は，生理的な諸形質として把握される生物反応を総括したもので，形質を考察するには，まず個体発生および発育の内的側面と外的側面を理解する必要がある．個体の発生および発育の過程には「発生・発育の方向付け」と「体外の条件」の 2 つの要因が含まれる．「発生・発育の方向付け」は個体の遺伝子型であり，「体外の条件」は一般に環境としてとらえられる．遺伝子型と環境は相互に絡み合い，個体の体構造や生理的な諸形質を決定していく．遺伝子型と環境の相互関係は，発生段階のみでなく，成長期および成体になってからも継続される．このような遺伝子型と形質発現の関係をふまえ，種による差異，系統による差異，雌雄による差異，同一系統内の個体差からとらえた魚類の温度耐性形質の発現について考察する．

§1. 種による温度耐性の差異

　魚を高温あるいは低温にさらすと，水面あるいは水底に横転し，すべての鰭の運動が止まる．この状態ではまだ心臓の拍動および鰓蓋の運動がみられ，適温に戻すと回復する．このような昏睡状態を引き起こす温度を麻痺温度という．麻痺温度を長時間継続させると死に至る．したがって麻痺温度は致死温度とみなすことができる．致死温度は 5 月（16～17℃）のメダカでは 34.5℃で，9 月（21～22.5℃）のメダカでは 36.7℃である．このように温度処理前の前歴温度（飼育温度または生育温度）によっても温度耐性が異なることが知られている．ヒメダカにおいて 25℃飼育では麻痺温度の上限が 41.4℃，20℃飼育では 39.5℃，30℃飼育では 42.4℃と異なる．またその下限は 25℃飼育で 4.5℃，20℃飼育で 2.1℃，30℃飼育では 7.8℃である [1]．同じような結果は，サケ科魚類でも認められている [2]．したがって，温度耐性を調べる際には，実験前の飼育温度が結果に大きな影響を与えると考えられるため，温度耐性を比較する

*　東北大学農学部

には同じ温度で飼育した条件が必要となる.

　様々な種は，それぞれ異なった遺伝子給源（集団を構成する全個体のもつ遺伝子）を保持し，種間には遺伝的差異が存在することはよく知られていることである．環境温度へのメダカ属 *Oryzias* 各種の耐性を見ると，高温域では 35.4～41.5℃ですべての種が死に至るが，低温域ではニホンメダカとフィリピンメダカを除く他の熱帯産の種は 8～15℃以下の水温域で死に至る [3].

　サケ科魚類 5 種の高温耐性を比較するために，9℃前後で飼育されていた稚魚（標準体長 2.4～5.5 cm）を水温 9℃の実験水中に移し，水温を 1.5 時間かけて 23℃にした後の生残率を調べた結果，18 時間までに生残率が低下し，その後は一定になる傾向がみられた．18 時間後の生残率は，ニジマスで 97.5％，サクラマスで 81％，ギンザケで 71.9％，イワナで 55.0％，アマゴで 31.5％と種によって高温耐性が異なっていることが示された（表7・1）.

表7・1　サケ科魚類における高温耐性

種	実験回数 （個体数）	標準体長 （cm±SD）	水温23℃18 時間後 の生残率（%±SD）
ニジマス	4（120）	2.4±0.3	97.5± 1.6
サクラマス（北海道系）	7（301）	5.9±1.0	81.2± 5.3
ギンザケ	7（300）	5.5±0.7	71.9± 9.3
イワナ	4（120）	3.1±0.4	55.0±13.6
アマゴ（岐阜系）	3（181）	4.2±0.7	31.5± 3.5

§2. 系統による温度耐性の差異

　様々な系統を用いた適応試験によって，温度耐性のような形質の遺伝的特性を明らかにすることができる．兄妹交配を代々続けて作られた近交系に属する個体は同じ遺伝的組成をもつことから，同一近交系内でみられる個体変異は遺伝的組成の差に基づくものではなく，遺伝的組成以外の環境条件などの要因による．また，異なる近交系間でみられる差異は遺伝的差異に基づくものなので，遺伝的要因の解析に有効である．実際には，水産生物には近交系が作られていないので，近交系に限定せずに地域集団間の差異，品種間の差異，閉鎖集団（クローズドコロニー）として維持されている系統間の差異に着目して，遺伝要因を解析することができる.

　サクラマスには降海型（サクラマス）と河川残留型（ヤマメ）が存在し，放

流用あるいは養殖用種苗を確保するために池中飼育がなされるようになってい
る．養殖集団における遺伝的変異の保有量が自然集団に比べて小さくなってお
り，さらに遺伝的分化が大きくなっていることが報告されている[4]．遺伝的分
化が大きいことは，系統差が大きいことを示唆しているので，量的形質にも系
統差が存在する可能性が考えられる．サクラマス（ヤマメ）の各系統について
高温耐性を調べた結果を表 7・2 に示す．まず北海道系で生産年の違いによって
生残率が異なるのかどうかを検討したところ，生産年が異なってもほぼ同じ生
残率を示した．このことは生産年の違いによらず系統の特性が維持されている
ことを示唆している．サクラマスとヤマメでは高温耐性が異なるという特徴は
みられないが，各系統について見ると生残率は 33.3～85.4％と系統によって異
なっていた．このような系統差はギンザケ[2]，イワナ[5] についてもみられて

表7・2　サクラマス（ヤマメ）系統における高温耐性

系　統	実験回数 （個体数）	標準体長 (cm±SD)	水温27℃18 時間後 の生残率（%±SD）
ヤマメ	3（178）	4.2±0.5	85.4±2.7
サクラマス（北海道系）*	3（181）	4.0±0.7	85.1±2.7
サクラマス（北海道系）*	7（301）	5.9±1.0	81.2±5.3
サクラマス（森支場系）	3（170）	4.4±0.7	72.9±3.3
サクラマス（迫川系）	3（178）	5.4±0.5	71.9±3.4
ヤマメ（福島系）	7（300）	6.9±1.4	67.8±5.6
サクラマス（北上系）	7（300）	5.2±1.0	33.3±6.8

* 生産年が異なる

表7・3　グッピーの各系統における低温耐性と高温耐性

系統	低温耐性（12℃24 時間の生残率）		高温耐性（35℃2 時間後の生残率）	
	雌	雄	雌	雄
S3	81.3±1.7（502）	58.1±2.1（530）	75.0± 5.4（64）	46.8± 5.7（77）
S2	68.8±2.6（320）	48.2±2.7（340）	50.0±10.7（22）	31.9± 6.8（47）
G	56.5±5.4（ 85）	39.5±5.3（ 86）	45.0±11.1（20）	37.5±12.1（16）
SC	52.2±3.0（270）	31.3±2.8（272）	71.4± 6.0（56）	55.8± 5.7（77）
F	48.7±4.6（117）	35.5±4.4（119）	56.5± 7.3（46）	48.8± 7.8（41）
SA	45.0±5.0（100）	30.4±5.2（ 79）	73.3±11.4（15）	55.6±16.6（10）
S	43.3±3.1（254）	27.1±2.7（262）	82.2± 5.7（45）	63.5± 6.1（63）
M	33.1±3.0（254）	18.3±2.6（218）	43.3± 9.0（30）	35.0± 7.5（40）
T	32.4±3.0（250）	18.5±3.6（119）	64.2±10.2（24）	52.5± 7.9（40）
T1	30.2±3.2（202）	21.0±3.0（186）	55.7± 8.4（35）	50.0± 8.6（34）

（ ）内に実験個体数を示す

おり，高温耐性にも系統による遺伝的な偏りが生じていることを示唆している．

　グッピーの成魚の高温耐性（35℃ 24 時間）と低温耐性（12℃ 24 時間）に
も系統差がみられるが，一方で雌雄差もみられ，高温耐性と低温耐性のどちら
も雌の方が高い生残率を示した（表7·3）．

§3．温度耐性の雌雄差

　グッピーの低温耐性は，水温 12℃における 24 時間後の生残率を指標として
調べた．どの系統も雌の方が雄よりも生残率が高かった．交配実験により母親
とその子供の低温耐性を調べた結果，低温耐性を支配する遺伝子が優性で X 染
色体上に存在していることが示唆された．雄における低温耐性遺伝子頻度は生
残率と等しいが，雌における遺伝子頻度は生残率から直接求めることができな
い．そこで，雌の死亡率から低温耐性遺伝子頻度を算出し，雌雄間で比較した
ところ，両者の間には差異がみられなかった．このことから低温耐性遺伝子は
X 染色体上のみに存在し，Y 染色体上には存在しないことが示唆された [6]．高
温耐性も低温耐性と同様に雌雄差がみられたことから，低温耐性遺伝子が X 染
色体上にあると仮定して遺伝子頻度を算出したところ，雌雄での遺伝子頻度に
は差異がみられなかった（表 7·4）．高温耐性遺伝子と低温耐性遺伝子が同じ遺
伝子であるかどうかを明らかにするために各系統の雄の低温耐性遺伝子頻度を
横軸に高温耐性遺伝子頻度を縦軸にプロットしたところ，両者の間には正の相

表7·4　グッピー 10 系統の低温耐性遺伝子頻度と高温耐性遺伝子頻度

| 系統 | 低温耐性遺伝子頻度 | | 高温耐性遺伝子頻度 | |
	雌	雄 （95％信頼限界）	雌	雄 （95％信頼限界）
S3	0.568	0.581 （0.540-0.622）	0.500	0.468 （0.356-0.579）
S2	0.441	0.482 （0.429-0.535）	0.293	0.319 （0.185-0.452）
G	0.340	0.395 （0.291-0.499）	0.259	0.375 （0.137-0.612）
SC	0.309	0.313 （0.258-0.368）	0.466	0.558 （0.446-0.669）
F	0.302	0.375 （0.289-0.461）	0.341	0.488 （0.335-0.640）
SA	0.258	0.304 （0.202-0.406）	0.484	0.556 （0.236-0.881）
S	0.246	0.271 （0.218-0.325）	0.578	0.635 （0.515-0.754）
M	0.182	0.183 （0.132-0.234）	0.248	0.350 （0.202-0.479）
T	0.178	0.185 （0.116-0.256）	0.402	0.525 （0.370-0.679）
T1	0.165	0.210 （0.152-0.290）	0.335	0.500 （0.331-0.668）

雌の低温・高温耐性遺伝子頻度 $= 1 - \sqrt{死亡率 / 100}$

関がみられなかった（図7・1）．このことは，高温耐性遺伝子と低温耐性遺伝子が同じものではなく，連鎖している可能性を示唆している．しかし，イワナの成魚やアユにおいては高温耐性に雌雄差がみられないことが報告されている[5, 7]．

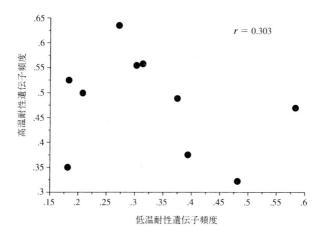

図7・1　グッピー 10 系統の雄における低温耐性遺伝子頻度と高温耐性遺伝子頻度の関係

§4. 発育段階と温度耐性

　同じ遺伝子型で同じ環境であっても，発生あるいは発育段階によって形質発現が変わることがあるが，温度耐性のような形質も発育に伴って変化する可能性がある．したがって，温度耐性という形質の評価を行う場合には，供試魚の発育段階は留意すべき重要項目と考えられる．Kanda ら[8] はグッピーの発育段階における高温耐性の変化の有無を検討するために，幼魚（標準体長 8〜13 mm），雌（14〜32 mm），雄（14〜19 mm）に分けて，37℃における各個体の死亡時間を測定した．その結果，体長が大きくなるほど死

表7・5　グッピーの各系統における幼魚の高温処理（37℃）後の平均死亡時間

系統	個体数	平均±SD
G	49	8.3±3.1
O	56	7.3±4.2
D1	48	7.0±3.5
D	69	5.7±3.0
T	94	5.1±3.2
SC	59	5.1±3.1
S	64	4.8±2.7
B	119	4.8±2.8
M1	122	4.3±1.9
S3	88	4.2±1.7
C	104	4.0±2.7
T1	40	3.9±2.2
F	26	2.7±0.9

亡時間は短く，雌は雄よりも死亡時間が長くなる傾向がみられた．雌の体長に対する死亡時間の回帰直線と雄の回帰直線は，幼魚の死亡時間の分布域で交わった．このことは，グッピーの幼魚が成魚よりも高温耐性が強いことを意味している．

　グッピーの 13 系統の幼魚の平均死亡時間は 2.7 時間から 8.3 時間と系統によって異なっていた（表7・5）．また，同一起原に由来する S と S3，T と T1，D と D1，B と C 系統のそれぞれの間では死亡時間が異なっていた．このことは，系統作成過程での抽出誤差によって，高温耐性に関与する遺伝子の頻度に偏りが生じたためと考えられる．

　サクラマス 4 系統の稚魚期と幼魚期での高温耐性を比較すると，稚魚期と幼魚期では高温処理後 18 時間までは有意差がみられないが，それ以降になると幼魚期の方の生残率が低下することが認められた．これは，幼魚の体長が大きくなったための水質の悪化などの要因が考えられ，基本的には稚魚期と幼魚期の高温耐性に差はなく，成長によって耐性が変化しないことが示唆される．

　グッピーの成魚と幼魚の高温耐性にどのような関係があるのかを明らかにするために，成魚と体長 9 mm 以上の幼魚の死亡時間の相関を調

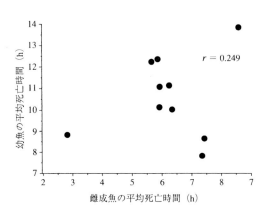

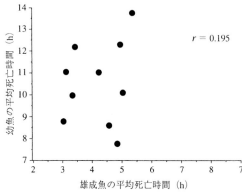

図7・2　グッピーの成魚と幼魚の高温耐性（37℃における平均死亡時間）の関係

べた結果，これらの間には有意な相関がみられなかった（図7・2）．このことは，高温耐性の遺伝支配が成魚と幼魚で同じではないことを示唆している．

　稚魚（誕生時）と幼魚との関係を，S3系統から作成した7分集団を用いて，37℃処理後の死亡時間を調べたところ，両者の間には相関がみられなかった．そこで，母親と仔魚との関係を調べたところ，誕生時には高い相関がみられたが，日数の経過に伴ってその傾向が消失した（図7・3）．このことは，誕生時の稚魚の高温耐性が母親の高温耐性に依存していることを意味し，高温耐性に母性効果が存在することが示唆される．

§5. 同一系統内の個体差

　同一系統内でも幼魚の37℃処理後の死亡時間が個体によって著しく異なり，連続変異としてとらえることができたので，高温耐性はポリジーンによって支配される量的形質とみなすことができる．そこで，S3系統から雌雄一対交配の仔魚をもとにそれぞれ500尾程度の10分集

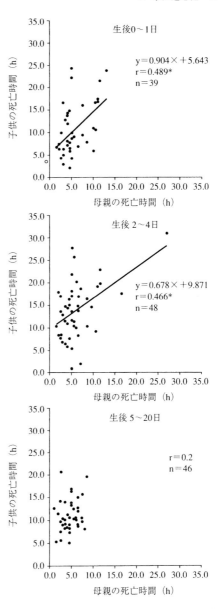

図7・3　母親と子供の高温耐性（37℃における死亡時間）の関係
　＊危険率5%で有意

団を作成し，これらの幼魚の 37℃処理後の死亡時間と分散を調べた．分集団内の分散を環境の影響，分集団間の分散を遺伝的影響と仮定して，分散分析により遺伝率（V_G/V_P）を算出したところ，0.183 となった．

Fujio ら[9]は，S3 系統を用いて高温に対して強い方向（耐性）と弱い方向（感受性）の 2 方向について選択実験を行った．感受性方向への選択は 35℃において 24 時間後に死亡していた 6 尾の雌の仔魚から作成した感受性集団を HS1 とし，同様の選択を HS1 で行って作成した耐性集団を HS2 とした．耐性方向への選択は，24 時間後に生き残った 6 尾の雌の仔魚から作成した耐性集団を HR1 とし，同様の選択を HR1 で行って作成した集団を HR2 とした．これらの選択集団と元集団の 37℃での平均死亡時間を比較した結果，元集団の平均死亡時間は 4.2 時間であったのに対して，感受性方向での選択集団は HS1 で 3.5 時間，HS2 で 3.0 時間と平均死亡時間が短く，その分布も小さくなり，感受性方向への選択効果がみられた．また，耐性方向への選択では，HR1 が 4.6 時間，HR2 が 4.9 時間と平均死亡時間が長くなり，選択効果がみられた．しかし，死亡時間の分布を見てみると，長く生き残る個体の頻度が増加する一方で，死亡時間の早い個体から遅い個体までの分布幅が広い傾向がみられた．量的形質に対して指向性選択を行った場合，平均値の変化とともに分散の減少が期待される．しかし，グッピーの高温耐性に関しては，耐性方向への選択に分散の減少が認められないことが特徴的である．

一般に強い活力をもつ個体が，系統間交雑などの交雑育種により得られることが知られている．そこで，高温耐性におけるヘテロシス効果の有無を調べるために交配実験を行い，両親とその子供の死亡時間を比較した．交配実験は S3-HR 系統を雄親に，F 系統を高温耐性方向へ選択した F-HR 系統を雌親に用いた．F-HR 系統の平均死亡時間が 5.1 時間，S3HR 系統の平均死亡時間が 4.6 時間であったのに対して，F1 ハイブリッドの平均死亡時間は 6.3 時間と両親の系統と比べて非常に長くなっており，ヘテロシス効果がみられた．死亡時間の分布を見てみると，早く死亡する個体の頻度が低下し，死亡までの時間が長い個体の頻度が増加していた．ヘテロシス効果を定量化するためポテンス比を算出したところ，5.8 と高い値を示した．

ヘテロシス効果がみられたことから，個体のヘテロ性と高温耐性との間に関連

性があることが考えられる．そこで，アイソザイム分析によって選択された集団の平均ヘテロ接合体率を算出し，高温耐性との関係を調べた結果，平均ヘテロ接合体率が高いほど高温耐性が強くなる傾向を示し，高温耐性は個体の遺伝子型と関連していることが明らかになった．このことは，ヘテロ性に富んだ個体ほど高温などの悪環境下で生き残る活力を備えていることを示している．

遺伝形質には，DNA やタンパク質あるいは酵素といった分子レベルから遺伝的体質としてとらえられるものまでが含まれる．温度耐性という形質は，酵素やタンパク質の差異，その中間物質の差異，あるいは最終代謝物の差異がもとになって，外部からの感作や刺激に対する反応が異なるという意味で，遺伝的体質としてとらえられる形質と考えられ，量的にも質的にもとらえられる．温度耐性は種による差異，系統による差異，雌雄による差異，同一系統内の個体差としてとらえられるが，その遺伝支配は 1 遺伝子支配であっても，どの発育段階でとらえるかによって異なるし，その発現に関与する外部要因と他の遺伝子の関与も考えられる．したがって，温度耐性の遺伝支配を明らかにするためには，形質のとらえ方あるいは評価の仕方が重要と考えられる．

文　献

1) 佃　弘子・片山トシ子：生理生態，7，113-122（1957）．

2) 藤尾芳久・木島明博：ギンザケの形質に関与する遺伝特性の解明，平成 5 年度新品種作出基礎技術開発事業研究成果の概要，水産庁研究部研究課，1994，pp.214-225．

3) 岩松鷹司：メダカ学，サイエンティスト社，1993，324pp．

4) M. Nakajima, A. Kita, and Y. Fujio : *Tohoku J. Agr. Res.*, 37, 31-42（1986）．

5) 川田　暁・石井孝幸・高越哲男：イワナの優良品種の固定化，平成 5 年度新品種作出

基礎技術成果の概要，水産庁研究部研究課，1994，pp.168-174．

6) Y. Fujio, M. Nakajima, Y. Nagahama : *Japan. J. Genet.*, 65, 201-207（1990）．

7) 渡辺　貢・児玉　修：水温適応性と成長形質の評価，平成 2 年度水産生物有用形質識別評価手法開発事業報告書，日本水産資源保護協会，1991，pp.181-206．

8) N. Kanda, M. Nakajima, and Y. Fujio : *Tohoku J. Agr. Res.*, 42, 67-72（1992）．

9) Y. Fujio, M. Nakajima, and G. Nomura : *Fisheries Sci .*, 61, 731-734（1995）．

8. 成長関連形質

谷 口 順 彦 *

§1. 成長形質の発現

発育と成長：個体発生は 1 つの受精卵に始まり，それに続く細胞の機能分化と数の増加によって，組織，器官が形成され，ついには個体が完成する．成長を一つの形質として的確にとらえることは容易なことではないが，その理由の一つは，個体発生の過程において質的変化をともなう発育過程と，もっぱら量的変化をともなう成長過程が同時または交互に進行するため，成長の時系列的変化が極めて複雑な挙動をとるからと考えられる．これら発育と成長といった用語は必ずしも厳密に区別しない場合もあるようだが，山岸[1] は成長について，体の肥大過程における大きさの変化を指すものと定義している．

育種学は，もともと生物の効率的生産を目標としているので，成長形質の遺伝的評価試験は，成魚の基本的特徴が整う稚魚期もしくは若魚期以降に始められるのが普通である．

環境要因：成長の把握を難しくするもう一つの要因は成長が様々な環境要因や生活履歴によって著しく変化することである．縄ばりをもったアユの相対的高成長やコイの飛び現象にみられるように，生後の食環境や社会的地位によって成長は大きく左右され[2]，極限体長ですら海域によって著しく異なることが明らかにされている[3]．

形質の評価測定：すべての個体が理想的な飼育条件を等しく与えられた場合，成長形質の変異は連続的で，個体の測定値の出現頻度は正規分布するといわれる．そこで顕著な家系間差が発現すれば，これらの形質の発現に遺伝要因がかかわっていることは疑う余地がないであろう．従来型の育種においては，遺伝変異の抽出は基本的事柄である．成長形質は魚体の量的変化の指標となる個体の特徴であって，ある年齢（日齢）または発育ステージの一時期における体サイズ，極限体長，または一期間の成長率，飼料効率などによって測定・評価される．

* 高知大学農学部

§2. 成長形質と遺伝子

量的形質と微働遺伝子：成長形質は同義遺伝子（polygene）または微働遺伝子（minor gene）と呼ばれる多数の効果の小さい遺伝子によって支配され，個体差は連続的で，かつ 2 項分布に従う[4]．このような微働遺伝子説は，遺伝獲得量が遺伝率と選択強度から推定される数値によく対応したり，養殖の現場で選択育種の成果が現れていることなどから，その信憑性の高さを確認することができる．

成長因子と主働遺伝子：成長因子といえば，成長を促進する成長ホルモンなどのタンパク質と定義され，それらの 1 次構造および cDNA 塩基配列も明らかにされている[5]．一般に，タンパク質の発現は構造遺伝子や調節遺伝子（いずれも主働遺伝子（major gene））の支配を受けるので，一つの遺伝子の形質発現に果たす役割は大きく，遺伝変異による個体間差は不連続的と考えられる．

魚類の分子遺伝学においては，しばしば成長ホルモン遺伝子（主働遺伝子）が研究対象とされ，形質発現に関する多数の実験研究が試みられている[6,7]．近年，魚類の成長ホルモン遺伝子の構造研究は著しく進歩し，その進化過程が解明される一方[8]，エクソンとイントロンの構成に魚種特異性がみられることも判明している[6]．また，遺伝子の発現を制御するプロモーター遺伝子の単離も進んだ．しかし，遺伝子の構造や発現に関する研究の発展とはうらはらに，育種に必要な成長ホルモン遺伝子の変異型の発見事例は少なくとも魚ではみられない[5,6]．

成長抑制遺伝子：グッピーでは顕著な雌雄差がみとめられるが，成長に関する分析結果から，成長抑制遺伝子が雄の成魚に特異的に存在することをが示されている[9]．成長の雌雄差はヒラメやティラピアにも認められており，これらの魚種にも同じような成長抑制遺伝子があるのかもしれない．実際に，成長ホルモンの放出を抑制するホルモンの存在が知られているが[6]，その遺伝子と成長との関係など詳細は不明である．

代謝活性決定遺伝子：魚の適水温というのは相対的なもので，前歴などに大いに影響されるが，生理的適水温がないわけではない[10]．アユの遊泳力や攻撃回数と水温の関係において最大値が認められ，最大値を示す水温が，地理的品種により異なるというのはそのよい例と思われる[11]．このような品種や種に特

異的な適水温の存在はそれを支配する遺伝子の存在を示唆するものと考えられる．また，アユのふ化までの日数 12) や受精卵の発生の速さ 13) が地理的品種間で顕著に異なっているのは，生体内の代謝関連酵素の化学反応の水温特性における遺伝変異の存在およびそれに対応する成長関連形質の変異を示唆している．

§3．成長形質の評価法と育種

3・1　選択育種

遺伝率：量的形質においては，通常，個々の個体の表現型値に占める遺伝要因による影響の程度を遺伝率とし，それは各形質における表現分散に占める遺伝分散のしめる割合で表される 4)．これらの方法における基本的モデルは，一つの同胞内の表現型値の個体差は個々が受ける環境の影響の差を反映し，同胞間差は個々が受ける両親の遺伝要因と環境要因の差を反映しているとみなすことである．

ここで，注意すべきは，遺伝率は，厳密には特定集団を問題とし，特定の環境条件において推定されたパラメータだということである 14)．したがって，成長に影響を強く及ぼす飼育水温は季節的に大きく変動するため，形質評価に当たっては複数の家系の飼育開始期を同期化するような工夫が求められる 15)．このように，遺伝率というものは，対象集団，実験条件，飼育技術などにより著しく影響を受ける相対的推定値であることに留意する必要がある．

遺伝率の推定法には ○親と子の相関関係から推定する方法 ○選択反応から推定する方法 ○半同胞または全完全同胞の分散分析により推定する方法 ○一卵性双生児から推定する方法 ○純系の交配から推定する方法などがある 16)．魚介類の成長形質に関して多くの魚類で遺伝率の推定が試みられている 16~21)．遺伝率の推定が試みられた魚類のほとんどがニジマス，大西洋サケ，コイ，アメリカナマズ，ティラピアなどの淡水魚で，いずれも完全養殖技術が確立されている魚種である．実際に採用されている遺伝率の推定法は多様であるが，半同胞法，完全同胞法などがやや多い．推定された遺伝率は 0.5 以下の事例がほとんどである 17)．

海産魚では，マダイにおいて半同胞法により成長形質の遺伝率の推定が試みられ，比較的高い値が得られている（表 8・1）22)．これは，マダイ養殖におけ

表8·1　半同胞の分散分析によるマダイの成長関
連形質の遺伝率推定（ふ化後57日齢）[22]

形　質	遺　伝　率		
	h^2_s	h^2_d	$h^2_{(s+d)}$
全　　長	0.271	0.285	0.278
尾 叉 長	0.179	0.170	0.175
標準体長	0.237	0.117	0.177
体　　重	0.346	0.182	0.264
肥 満 度	0.964	0.522	0.743

る成長形質改良種苗作出の根拠を与えるものと考えられる.

選択育種の成果：成長形質に関する選択育種の事例は，従来から淡水魚では珍しくなかったが，種苗生産技術が不完全な魚種の多い海産魚では成長形質の育種事例は多くない.

最近では，育種開発の遅れが指摘されていた日本の養殖漁業においても，改良種苗の作出の必要性が認識されるようになり，1992年から水産庁によって，新品種作出基礎技術開発事業など育種関連の予算が投入されるようになり，それらの中にはニジマス，ギンザケ，アユなどの淡水魚以外にも，マダイ，ヒラメなどの海産魚の成長形質の育種試験研究が含まれている[23].

最近，アユの成長形質の選択実験において，明らかな選択反応が確認されている[24]. このようなアユの高成長系やクローン系の利用については，今後，養殖現場での実用化試験を実施する必要があると思われる.

マダイ養殖では，成長形質について選択育種が実施され，優良成長系統が養殖現場で利用されて久しい. 近畿大学で開発されたマダイ品種については，品種改良の経過が最近になって漸く公表された[25]. 当初（1972年），4歳魚の体重が2kgであったものが，およそ20年後にはおよそ2.5倍にまで改善されたことが判っている. 近畿大学の人工種苗の成長の優秀性[25]を疑う余地はないが，遺伝的改良に起因する部分はさほど大きくないかもしれない. たとえば，この間に達成された採卵期の早期化は，当歳魚の成長の飛躍的な促進につながったであろう. また，健苗育成技術，飼料の質的改善，養魚施設の改良など非遺伝的要因が，この20年間のマダイの成長の改善に大きく作用したことは想像に難くない.

高知大学では，このようなマダイ養殖用系統において実施された選択や交雑など人為的操作が成長形質の遺伝的改良にどの程度結びついたか，その効果の評価試験を試みた[15]. 評価試験は，各地の種苗生産場で同日に採卵し，ふ化日から仔魚を水温，密度，飼育タンク，給餌量などの環境条件を極力同じくして

飼育するなど，これらの系統差から環境差を除くよう配慮して実施された．養殖用選択系は非選択系に比べ，200 日齢の体長で約 15 ％，体重で約 50％すぐれており，成長形質において顕著な選択の効果が確認された[15]．このような人為的選択にともなって生じる質的形質における無意識選択の効果についても，アイソザイム像，DNA 多型などのマーカーにより調査された．このような質的形質における選択系の変異水準は非選択系のそれに比べ低下していることも確認された[26]．

3・2　染色体操作育種

形質評価：雌性発生 2 倍体集団の分散の拡大またはクローン集団の分散の縮小の程度から遺伝分散を推定することができる[11]．今，元の集団（Base population）の成長形質の表現分散が Vp＝Vg＋Ve とすると，染色体操作により誘導された第 2 極体放出阻止型雌性発生 2 倍体の表現分散は，Vp＝Vg×（1＋F）＋Ve と拡大する[27]．一方，卵割阻止型雌性発生 2 倍体を誘導すれば，すべての遺伝子座において遺伝子型が 2 つの同祖接合型に分離するため，第 1 代目では，近交度 F は 1 となり，遺伝分散は 2 倍に拡大する（Vp＝Vg×2＋Ve）[27]．

これら表現分散（Vp）にしめる遺伝分散（Vg）および環境分散（Ve）の内訳は元の集団（Base population），極体型雌性発生 2 倍体および卵割型雌性発生 2 倍体の表現分散をクローン魚のそれと比較することにより推定できる可能性がある[27]．ただし，分散は平均値の大きさの影響を受けるので，比較法を採用するときには変動係数を指標にすることになる．ただし，雌性発生区では近交の影響があるため，表現分散の拡大の程度が理論式から予測されるレベルにとどまらないケースが多い．

複数のクローン群を用いれば，Becker の一卵性双子の分散分析による方法により遺伝率を推定することができる[28]．表 8・2 はアユのクローン魚をふ化直

表 8・2　クローン群分散分析によるアユの成長関連形質の遺伝率推定[28]

形　質	平　均　値		遺　伝　率		
	最大	最小	σ_w^2	σ_B^2	h_G^{2*}
尾　叉　長（mm）	150.5	116.5	0.48	1.85	0.795
標準体長（mm）	130.1	101.6	0.33	1.42	0.811
体　　重（g）	31.1	17.0	15.3	32.6	0.681

* 双子の分散分析による

後から同一の水槽内で混合飼育し，9ヶ月後に採り上げ，それらを DNA マーカーで判別した後，形質測定し，遺伝率を求めたもので，環境分散と遺伝分散を正確に推定することができた．

染色体操作育種の成果：これまで，クローン魚はアユ，ヒラメ，マダイなどで作出され，形質の均質性が確認されている．これらはいずれも全雌集団であるので，成長優良系を確立できれば，陸上タンク養殖の対象として応用できる可能性が高い．このようなクローン魚については環境テスターなど実験動物としての利用も考えられる．

3・3　遺伝子導入育種

トランスジェニック法：近年，魚類の成長ホルモン遺伝子の構造研究は著しく進歩し [6~8]，遺伝子の発現を制御するプロモーター遺伝子やレポーター遺伝子の単離およびベクターの開発も進み [29]，トランスジェニックの技術改良が加えられ成功率は向上している [30]．当初，トランスジェニックは，既に単離されている手身近な遺伝子を用いて，メダカやゼブラフィッシュなどで試みられた [31]．最近では，ホストと異なる種または同じ種の成長ホルモン遺伝子をプロモーター

表8・3　外来遺伝子（成長ホルモン）の導入・発現および成長促進効果

ホスト魚種	成長ホルモン遺伝子	プロモーター	成長促進効果	文献
コイ	ニジマス成長ホルモン	マウスメタロチオネイン	効果アリ	Zhang et al. [32]
コイ	ニジマス成長ホルモン	RSVLTR	効果ナシ＋変形	Chen et al. [33]
コイ	マスノスケ成長ホルモン	コイβアクチンプロモーター	遺伝子発現	Moav et al. [34]
メダカ	ヒト成長ホルモン	マウスメタロチオネイン	効果アリ	Lu et al. [36]
アメリカナマズ	ニジマス・ギンザケ成長ホルモン	RSVLTR	効果ナシ＋変形	Dunham et al. [35]
大西洋サケ	マスノスケ成長ホルモン	タラ不凍タンパク質遺伝子	顕著＋?	Du et al. [37]
ギンザケ	マスノスケ成長ホルモン	メタロチオネイン-B	顕著＋変形	Devlin et al. [38]
ギンザケ	マスノスケ成長ホルモン	タラ不凍タンパク質遺伝子	10～15倍早い（15ヶ月目）	Devlin et al. [39]
ギンザケ	マスノスケ	タラ不凍タンパク質遺伝子	顕著＋変形	Devlin et al. [40]
カラドジョウ	カラドジョウ成長ホルモン	カラドジョウβアクチンプロモーター	顕著＋変形	Nam and Kim [41]
ティラビア	マスノスケ成長ホルモン	タラ不凍タンパク質＋CβalacZ	顕著	Rahman et al. [42]
ティラビア	ティラビア成長ホルモン	ヒトサイトメガロウイルス	効果アリ	Martinez et al. [43]

ジーンおよびレポータージーンとともにベクターに組込み，それを受精卵に注入して効果をあげている．対象となった魚種はコイ[32~34]，アメリカナマズ[35]，メダカ[36]，大西洋サケ[37]，ギンザケ[38~40]，ドジョウ[41]，ティラピア[42, 43]などで，受精卵に注入してホストの成長促進効果を評価する研究が行われている（表8·3）．この技術は当初ホスト魚種に対し，それより成長の優れている異魚種の成長ホルモンを注入することにより，育種効果を期待するという考え方で実施されていたと思われる．最近は，同種由来の成長ホルモン遺伝子をホスト魚種に注入する試みが行われ，遺伝子の発現と成長の著しい促進が確認されている[34, 35, 41, 43]．この場合，同種ホルモンの注入による成長促進は成長ホルモン遺伝子の複数コピーの導入とその多重発現による量的効果によってもたらされたと考えられる．

　遺伝子の導入実験は，遺伝変異の発見とその利用を基本戦略とする育種とは異なり，遺伝変異にとらわれないで，とにかくその生体内での発現効果に注目して研究が進められてきた．このように，遺伝子導入の試験は，在来の遺伝変異を利用・固定するという従来の育種とは異なる論理で進められてきたように思われる．

　遺伝子操作育種：異魚種の成長ホルモン遺伝子のトランスジェニックにより超高成長のギンザケが作出されている．また，同種の成長ホルモン遺伝子の導入により高成長のティラピアやドジョウが作出されている．さらに，ニジマスの成長遺伝子を導入された F_1 のコイではそれらの体成分が対照区に比べ高タンパク，低脂肪であることが明らかにされている[44]．

　また，トランスジェニックと染色体操作の2つの技術を結合させて，導入した成長ホルモン遺伝子をホモ型で固定するといった試みが，ドジョウを用いて実施され，導入遺伝子の安定的な発現と成長促進効果が確認されている[41]．しかしながら，現状では，いずれも，魚体の奇形や変形を伴うため，実用化までには依然として解明すべきことが多く残されている．

3·4　マーカー遺伝子選択育種（MAS）

　Lamde and Thompson[45] は多型的遺伝子座の対立遺伝子をマーカーにして選択を実施するというプログラム（marker-assisted selection）を提唱した．この考え方は，近年，開発された高感度 DNA マーカーの利用と強く結びつい

ている．MAS 法の提唱以来，有用魚介種の DNA マーカーの開発と QTL（quantitative trait loci）の連鎖解析の研究に取り組む研究者が多くなっている．最近では，DNA マーカーを開発して，成長形質の選択育種（MAS）を実行できる可能性が示され [46]，さらに，QTL連鎖解析からポジショナルクローニングへと研究は発展しつつある [47]．

　高感度マーカー遺伝子の開発は連鎖解析の能率を飛躍的に高くする道を開いたことを意味しており，成長関連形質の遺伝子座が部分的に特定される可能性が期待される．一方，ポリジーンによる成長関連形質については，遺伝子座の数の多さからそれらを特定することは容易ではないかもしれない．

　QTL連鎖解析において必要とされる F_1 の戻し交雑の作出の時間と労力を軽減するため，第 2 極体放出阻止型雌性発生 2 倍体を利用することが提唱されている [48]．これによれば，G-C 連鎖を利用してマッピングが可能となり，供試魚作出までの時間の大幅な短縮が可能となり，ニジマスにおいてはクローンをマッピングに応用する試みもなされている [49]．

§4. 今後の課題と問題点

　生物多様性と品種：魚類の野生種は著しく多様であるが，近年，これらの自然環境下での保全の必要性が強調されるようになった．これは自然環境の悪化にともない絶滅種や絶滅危惧種が増えているからで，この流れに歯止めをかけ生態系のコミュニティーの崩壊を防止したいという意図がつよく働いているからであろう．

　われわれは，生物多様性を人類の生存のために育種的に利用することにより，それらから多くの恩恵をうけている．他方，多大の時間と労力を費やしたとしても，育種によって，生態系における野生種の多様性を新たに創出することは不可能である．したがって，魚類の多様性は一度失うと再生不能な遺伝資源であることを再認識する必要があると思われる．

　水産養殖における GMO の利用原則：選択育種のような従来型の育種であるか，それとも染色体操作や遺伝子操作のような新しい育種であるかに関わりなく，遺伝的に改変された生物（GMO）を作出・利用しようとする場合，野生種の多様性に及ぼす影響を考慮し，対策を講じる必要がある．従来型育種にお

いて考慮すべき項目はボトルネックなどによる変異性の減退と近交による劣性
遺伝子の顕在化などである.

　染色体操作魚においては，在来集団に含まれるゲノム型の多様性を喪失する
ことにつながる. 遺伝子操作魚はゲノムの不特定部位へ外来遺伝子を挿入する
という意味では，これは在来集団には存在しなかったゲノム型を作出すること
になる[50].

　在来型育種による改良品種については逸散防止対策を備えた養殖施設で飼育
することが求められるであろう. また，染色体操作魚などは海水魚であっても
陸上タンク養殖をすることになるであろう. 遺伝子操作魚については，開発者
自身が封じ込めのレベルを最も厳しくすること，利用に当たっては，3 倍体化
により不妊化したものを利用することなどを提案している[51]. 今後，育種開発
研究に合わせて，野生集団との遺伝的混合防止を配慮した，GMO の現実的な
利用指針作りが必要と思われる.

文　献

1) 山岸　宏：成長の生物学，講談社，東京，
　　1977，196 pp.

2) 落合　明：魚類生態学，蒼洋社，東京，1968，
　　139 pp.

3) 落合　明：成長，魚類生理（川本信之編），
　　恒星社厚生閣，東京，1970，pp.205-232.

4) D. S. Falconer：量的遺伝学入門第 3 版
　　（田中　嘉・野村哲郎共訳），蒼樹書房，東
　　京，1993，546 pp.

5) 会田勝美・小林牧人・金子豊次：内分泌，
　　魚類生理学（板沢靖男・羽生　功編），恒星
　　社厚生閣，東京，1971，pp.167-241.

6) 小野雅夫：成長ホルモン／プロラクチン遺
　　伝子ファミリー，魚類の DNA 分子遺伝
　　学的アプローチ（青木　宙・隆島史夫・平
　　野哲也編），恒星社厚生閣，東京，1997，
　　pp.318-335.

7) 山下伸也：細胞成長因子，魚類の DNA
　　分子遺伝学的アプローチ（青木　宙・隆島
　　史夫・平野哲也編），恒星社厚生閣，東京，
　　1997，pp.336-349.

8) 川内浩司：魚類の成長ホルモンとその遺伝
　　子，蛋白　核酸　酵素，共立出版，東京，
　　1989，pp.197-204.

9) 中嶋正道：グッピーの成長と遺伝率. 水産
　　育種，21，45-55（1995）.

10) 黒木敏郎：水温，魚類生理（川本信之編），
　　恒星社厚生閣，東京，1970，pp.279-290.

11) 谷口順彦：第 5 章アユ，水産生物有用形質
　　の識別評価マニュアル，日本水産資源保護
　　協会，東京，1994，pp.133-198.

12) 辻村明夫・谷口順彦：生殖形質に見られた
　　湖産および海産アユ間の遺伝的差異，日水
　　誌，61，165-169（1995）.

13) 関　伸吾・浅井康弘・佐藤健人・谷口順
　　彦：継代飼育したアユ由来の卵の水温感受
　　性における地理的品種間の差異. 水産増殖，
　　42，459-463（1994）.

14) 山田行夫：量的形質の遺伝学（5）. 遺伝，
　　28，106-111（1974）.

15) 谷口順彦・松本聖治・小松章博・山中弘
　　雄：同一条件で飼育された由来の異なるマ

ダイ 5 系統の質的および量的形質に見られ
た差異. 日水誌, **61**, 717-726（1995）.

16）和田克彦：水族遺伝学の進歩, 量的形質の
遺伝, 水産生物の遺伝と育種（日本水産学
会編）恒星社厚生閣, 東京, 1979, pp.7-
26.

17）佐藤良三：魚類の量的形質の遺伝率の推定.
水産育種, **21**, 27-43（1995）.

18）G. A. E. Gall : Heritability and selection
scheme for rainbow trout ; Body weight.
Aquaculture, **73** : 43-56（1988）.

19）B. Gjede : Growth and reproduction in
fish and shellfish. *Aquaculture*, **57** : 37-
55（1986）.

20）T. Gjedrem : Genetic variation in quanti-
tative traits and selective breeding in fish
and shellfish. *Aquaculture*, **33** : 51-72
（1983）.

21）B. P. Kinghorn : A review of quantitative
genetics in fish breeding. *Aquaculture*, **33** :
129-134（1983）.

22）谷口順彦・関 伸吾：海産魚の品種改良に
伴う遺伝的変化のモニター法に関する研究,
新品種作出基礎技術開発事業研究成果の概
要, 1993, pp.63-79.

23）水産庁：新品種作出基礎技術開発事業研究
成果の概要, 1993-1998.

24）辻明夫・藤井久之・見奈美輝彦・浜端康
平：アユの有用形質の遺伝性検出評価に関
する研究, 平成 7 年度新品種作出基礎技術
開発事業研究成果の概要, 水産庁研究部研
究課, 1996, pp.209-218.

25）O. Murata, T. Harada, S. Miyashita, K.
Izumi, S. Maeda, K. Kato and H. Kumai :
Selective breeding for growth in red sea
bream. *Fisheries Science*, **62**, 845-849
（1996）.

26）N. Taniguchi, M. Takagi and S. Matumo-
to : Genetic evaluation of quantitative and
qualitative traits of hatchery stocks for
aquaculture in red sea bream. *Bull. Natl.
Res. Inst. Aquacult.*, Suppl. **3**, 35-41

（1997）.

27）谷口順彦：染色体操作の遺伝学的意義, 水
産増養殖と染色体操作（鈴木　亮編）, 恒
星社厚生閣, 東京, 1989, pp.104-117.

28）N. Taniguchi, M. Yamasaki, M. Takagi
and A. Tsujimura : Genetic and environ-
mental variances of body size and mor-
phological traits in communally reared
clonal lines from gynogenetic diploid
ayu, *Plecoglossus altivelis. Aquaculture*,
140, 333-341（1996）.

29）豊原治彦：有用発現ベクターの開発, 魚類
の DNA　分子遺伝学的アプローチ（青木
宙・隆島史夫・平野哲也編）, 恒星社厚生
閣, 東京, 1997, pp.99-116.

30）吉崎悟朗・隆島史夫：遺伝子導入魚の作出
と外来遺伝子の発現, 魚類のDNA　分子遺
伝学的アプローチ（青木　宙・隆島史夫・
平野哲也編）, 恒星社厚生閣, 東京, 1997,
pp.80-98.

31）尾里建二郎・若松佑子：トランスジェニッ
クメダカと ES 細胞, 魚類の DNA　分子遺
伝学的アプローチ（青木　宙・隆島史夫・
平野哲也編）, 恒星社厚生閣, 東京, 1997,
pp.63-79.

32）P. Zhang, M. Hayat, C. Joyce, L. I.
Gonzalez-Villasenor, C. M. Lin and R.
A. Dunham : Gene transfer, expression
and inheritance of pRSV-rainbow trout-
GH cDNA in the carp, *Cyprinus carpio*
（Linnaeus）. *Mol. Reprod. Dev.*, **25**, 3-13
（1990）.

33）T. T. Chen, K. Kight and C. M. Lin. :
Expression and inheritance of RSVLTR-
rtGH1 comlementary DNA in the trans-
genetic common carp, *Cyprinus carpio.
Mol. Mar. Biol. Biotech.*, **2**, 88-95（1993）.

34）B. Moav, Y. Hinits, Y. Groll and S.
Rothbard : Inheritance of recombinant
carp β -actin/GH cDNA gene in trans-
genic carp. *Aquaculture*, **137**, 179-185
（1995）.

35) R. A. Dunham, A. C. Ramboux, P. L. Duncan and M. Hayat : Transfer, expression and inheritance of salmonid growth hormone in channel catfish, *Ictalurus punctatus* and effects on performance traits. *Mol. Mar. Biol. Biotech.*, 1, 380-389 (1992).

36) J. K. Lu and T. T. Chen : Integration, expression and germline transmition of foreign growth hormone genes in medaka (*Oryzias latipes*). *Mol. Mar. Biol. Biotech.*, 1, 366-375 (1992).

37) S. J. Du, Z. Gong, G. L. Fletcher, M. A. Shears, M. J. King, D. R. Idler and C. L. Hew : Growth enhancement in transgenetic Atlantic salmon by the used on an "all fish" chimeric growth hormone gene construct. *Bio/Technology*, 10, 176-180 (1992).

38) R. H. Devlin, T. Y. Yesaki, C. A. Biagi, E. M. Donaldson, P. Swanson and W. Chan : Extraordinary salmon growth. *Nature*, 371, 209-210 (1994).

39) R. H. Devlin, T. Y. Yesaki, E. M. Donaldson, S. J. Du and C. Hew : Production of germline transgenic Pacific salmonids with dramatically increased growth performance. *Can. J. Fish. Aquat. Sci.*, 52, 1376-1384 (1995).

40) R. H. Devlin, T. Y. Yesaki, E. M. Donaldson and C. Hew : Transmission and phenotypic effects of an antifreeze/GH gene construct in coho salmon (*Oncorhynchus kisutch*). *Aquaculture*, 137, 161-169 (1995).

41) Y. K. Nam and D. S. Kim : Producton of homozygous transgenic mud loach (*Misgurnus mizolepis*). Abstract of the 6th International Symposium on Genetics in Aquaculture (1997).

42) M. A. Rahman, A. Smith, R. Mak H, Ayad and N. Maclean : Expression of an ex-ogenous piscine growth hormone gene resulta in enhanced growth in transgenic tilapia (*Oreochromis niloticus*). Abstract of the 6th International Symposium on Genetics in Aquaculture (1997).

43) R. Martinez, A. Arenal, I. Guillen, M. P. Estrada, F. Herrera, Y. Hidalgo, V. Huerta, R. Lleonart, J. Vazquez, T. Sanchez and J. Fuente : Genetic, biochemical and phenotypic characterization of transgenic tilapia generated by the transfer of a tilapia growth hormone cDNA containing transgene. Abstract of the 6th International Symposium on Genetics in Aquaculture (1997).

44) N. Chatakondi, R. T. Lovell, P. L. Duncan, M. Hayat, T. T. Chend, D. A. Poweres, J. D. Weete, K. Cummins and R. A. Dunham: Body composition of transgenic common carp, *Cyprinus carpio*, containing rainbow trout growth gene. *Aquaculture*, 137, 189-190 (1995).

45) R. Lande and R. Thompson : Efficiency of marker-assisted selection in the improvement of aquantitative traits. *Genetics*, 124, 743-756 (1990).

46) R. G. Danzmann and M. M. Ferguson : Heterogeneity in the body size of Ontario cultured rainbow trout with different mitochondrial DNA haplotypes. *Aquaculture*, 137, 231-244 (1995).

47) 岡本信明・坂本 崇：ポジショナルクローニング法の水産育種への導入について．水産育種, 25, 11-17 (1997).

48) 谷口順彦：魚類のゲノム操作と高変異性DNA マーカーによる G-C マッピング．日水誌, 62, 685-686 (1996).

49) W. P. Young, P. A. Wheeler, V. H. Coryell, P. Keim and G. H. Thorgaard : A detailed linkage map of rainbow trout produced using doubled haploids. *Genetics*, 148, 839-850 (1998).

50) Agricultural Biotehcnology Research Advisory Committee Working Group on Aquatic Biotehcnology and Environmental Safty : Performance standards for safety conducting research with genetically modified fish and shellfish. U. S. Department of Agriculture, Washington, 1995, pp.58.

51) R. H. Devlin and E. M. Donaldson : Containment of genetically altered fish with emphasis on salmonids. in : C. Hew and G. Fletcher（Editors）, Transgenic Fish, World Scientific Publishing, Singapore, 1992, pp.229-265.

Ⅲ．生態形質の発現に関する遺伝学的背景と問題点

9．繁殖行動

前 川 光 司*

　行動生態学や進化生態学において，大きな発見の一つは動物の行動，特に繁殖行動に顕著な個体差があるということであった．この個体差は遺伝的なものもあれば，遺伝をともなわない単なる表現形質である場合もありうる．この両者ともに，個体の適応度に影響を与えるが，動物の行動そのものやその戦略がいかに進化したかを主な研究対象とする行動生態学あるいは進化生態学では，ある種の繁殖形質が遺伝するということを前提に研究が進められる場合が多く，実際，その遺伝性が確かめられているものもある．しかし，魚類において，繁殖行動そのものが遺伝するということが遺伝的解析による直接的な方法によって確かめられているのはほんの少しである．まして，その発現機構に関する研究となると，ほとんど見あたらない．最近水産上においても，繁殖行動の遺伝に関する研究が重要な課題となりつつある．例えば，サケ科魚類の養殖事業が発展する中で，養殖魚と自然魚との繁殖行動の差が注目されるようになってきている[1]．

　本章では，まず繁殖行動が遺伝的に支配されている可能性を行動・進化生態学の立場から紹介し，繁殖行動の遺伝性を詳細に研究した最近の例をとりあげその問題点を概説する．

§1．自然選択からの証拠

　よく知られているように，自然選択あるいは性選択が働く条件は（1）形質に個体差があること，（2）形質における適応度に差があること，（3）形質に遺伝性があることである[2]．したがって，自然選択の測定は形質に遺伝性があることを間接的に示すことにもなる．

---

* 北海道大学農学部

　アメリカ大陸に分布するグッピーの仲間は，その行動や色彩が特異であることと，実験的に扱いやすいという特徴から行動生態学や遺伝的研究によく使われている（例えば Endler [3] 参照のこと）．繁殖行動そのものではないが，グッピーの色彩と捕食者による自然選択の例はよく知られている（自然選択の詳細については Endler [2], Danzman *et al.* [8] も 参照のこと）．例えば，捕食者の強度に応じて，グッピー雄の体側にある斑点の数がどのように変化するかを調べた実験では，20 ヶ月後には，捕食が強烈な池のグッピーの魚の斑点は捕食者がいなかったり，弱い捕食者がいる場合に比べて明らかに少なくなっていた．このことから，斑点が多い個体が捕食圧に強くさらされたことを示している．このように自然選択は 2，3 世代という短い期間で働くようである．また，サケ科魚類の多くは繁殖時にハナマガリなどの二次性徴がよく発達する．最近，繁殖時におけるこれらの形質と適応度要素との関係を調べた結果では，ハナマガリと体サイズに性選択がかかっているという [4]．捕食者の存在とスクーリング（群行動）行動にもまた同様な傾向（捕食者が強烈であればスクーリングがよく発達する）があることが解っている [5]．こうして，自然界で，個体群間に行動の差が認められる場合，その行動の多くは何らかの遺伝的基礎をもつといえる．しかし，捕食行動や攻撃行動あるいはそれと密接な関係にある形態形質に関する多くの遺伝学的証拠とは対照的に，繁殖行動そのものの遺伝学的研究は少ない．

§2. 異種間交雑による行動の遺伝における証拠

　近縁である異種間同士の交配によっても，行動の遺伝性を知ることができる．例えば，これも繁殖行動ではないが，縄ばり行動が顕著なカワマスと攻撃行動があまりないレークトラウトの雑種とそのもどし交配による結果では，一般に攻撃行動は中間になる傾向があり，しかもすべての組み合わせで母親の影響（maternal effect）が強く表れる [6]．繁殖行動でも swordtail と platyfish の交配実験において，交雑個体がその両親の中間になることが示されている．例えば，この両種の F_1 の交尾行動の頻度はもとの両親の中間あるいは swordtail に近くなるという [7]．

　このような行動がどのような遺伝的支配を受けているかはほとんど解っていない．個体間の相対的に小さな遺伝的違いによって，行動に差が表れるようで

あるが，その違いがどの程度かは解っていない．形態形質にはただ一つの遺伝子座によって支配されている場合もあるが（詳しくは Danzman *et al* [8] を参照のこと），むしろ行動形質の遺伝はほとんどの場合，複数の遺伝子座に支配される量的形質とみなしうるであろう [8]．

§3．同種内の繁殖行動の個体群間変異
―イワナ属オショロコマの卵食と雌の対抗戦術

行動生態学では戦略を遺伝的にコードされた生活史形質とし，戦術をその表現型と定義する場合が多い [9]．

個体群間での繁殖行動に関する変異は遺伝性の違い（自然選択や性選択の差)を反映している場合が多いと推測される．ここではその一例を示す．オショロコマの亜種，然別湖に生息するミヤベイワナには雄に顕著な 2 型がみられる．オショロコマは生涯を河川で過ごし，体が小さいままで成熟する河川残留型と海に降りて大きくなってから河川に遡上する降海型がいる．ミヤベイワナもまた基本的にオショロコマと同じ生活環をもっている．ミヤベイワナの場合には海を湖に置き換えただけであり，降海型にちなんで降湖型と呼ぶ．どちらの亜種も雌は降海型・降湖型である．

（1）これらの雄 2 型がなぜ進化したかは行動生態学や進化生態学においていくつかの仮説が提案されているが（Gross [10]，グロス・前川 [9] 参照のこと），実はこれらの 2 型の遺伝性がどの程度かかわっているかによってどの仮説を採用できるかが異なる．サケ科魚類において成長，成熟のタイミングなどの遺伝率はいくつか推定されているが（和田 [11] 参照のこと），雄の 2 型に関する遺伝率はまだ解っていない．今後の重要な課題である．ともあれ，河川残留型はスニーキングによって，降海型や降湖型雄はペアリングという戦術を採用して繁殖に参加する．これらの行動そのものは体の大きさに依存した行動様式である可能性が大きいが，後述するように体長と行動の両者の遺伝性が複雑に作用している可能性も否定できない．

（2）ところで，ミヤベイワナの河川残留型には雌の放卵直後に卵食行動が極めて高い頻度で観察される [12]．一方，アラスカ地方のオショロコマではこうした卵行動がほとんどみられないか，少ない [13]．こうした繁殖の際の食卵行動

の頻度の差は選択の違いである可能性が強い．この卵食への対抗戦術として雌
の一産卵床に産みつける産卵回数が両地方で異なっている．すなわち，ミヤベ
イワナでは産卵中に集まってくる残留型の数が多くなるにつれて，この産卵回
数を減らす傾向がある．これは雌が卵食されることを見越して，卵の生き残り
を最大にするための対抗戦術であろうと予想されている（図 9・1 参照[14]）．一

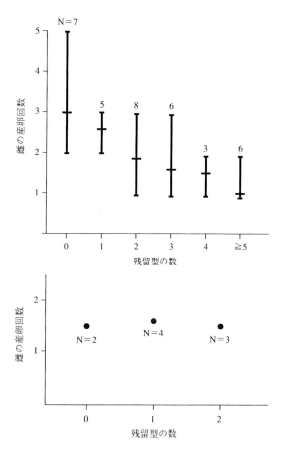

図9・1　産卵中に参加した残留型の数と 1 産卵床に雌が放卵した回
数の関係．（上図）ミヤベイワナ．残留型が多ければ多いほ
ど産卵回数は減少する．これは雌が最大に放卵数を残すた
めの，残留型食卵への対抗戦略と考えられる．（下図）アラ
スカ産オショロコマ雌の産卵回数．残留型の数と産卵回数
は相関しない（Maekawa and Hino [13, 14] を改変）．

方，アラスカのオショロコマでは残留型がほとんど卵食しないことを反映して，雌が一産卵床で産む産卵回数は残留型の数にほとんど左右されない．こうした行動の違いは，残留型が食卵するかどうかというような生態学的な条件に左右されやすいので，もちろん断定はできないが，両個体群の遺伝的差を反映している可能性が大きい．

§4. 繁殖行動の量的遺伝—sailfin molly の例 [15]

行動生態学において，魚類雄の最適な繁殖行動パターンを決定する諸要因がどのようなものかということに多くの注意が払われている．しかし，行動の多様性がどのように進化したかという疑問にはほとんど注意が払われていない．特にこうした行動の表れ方が体サイズとか年齢の関係で変化する場合に特にこのことがいえそうである．こうした問題解決には量的遺伝の手法がもっともよい方法となる．すでに上述したように，行動・進化生態学において重要なのは個体差であり，かつそれが遺伝することである．しかし，繁殖行動において個体レベルでの遺伝を調べた例は大変少ない．少ない研究例ではあるが，魚類の繁殖行動における遺伝様式はたいへん複雑であることが解っている．このことを最近のカダヤシの繁殖行動の研究からやや詳しく紹介する．

カダヤシの性行動はそれほど複雑なものではない．この魚は繁殖縄ばりのようなものをもたず，雌に出会ったら求愛行動を行い，交尾をする．この交尾に至るまでに求愛行動の他に，強引に交尾しようとする行動もある．ところがある自然個体群での観察によると，体が大きければ大きいほど繁殖行動の中に占める求愛行動の割合が多くなり，体が小さいほど，それが少なくなるという特徴をもっている．一方，強引に交尾しようとする行動は，求愛行動の場合とは違って体が小さいほどその割合が多くなるのである．こうした現象は野外だけでなく実験室でもみられる．ここで注目されるのは，同じサイズで予想される各行動の割合が個体群間で違っていることである（図 9・2）．実験ではこの変異が個体間の社会的な関係での違いによって表れるのではないことから，こうした行動が遺伝性を反映していることを示唆する．量的遺伝による解析によると体サイズは父親系列で遺伝し（Y 染色体と関係している），そのことによって父と息子は成熟時にはよく似たサイズになる．そこで，実験条件下において

父親と息子の成熟時の体長を比較すると，その回帰式のスロープはほぼ 1 であ
ったのに対して，父親と息子の各繁殖行動の回帰をとると，そのスロープは 0
から 1 の間におさまることが解った（表 9·1）．このことから，各行動は父親
の行動を遺伝してはいるが，その遺伝様式は体サイズと同じではないことを示
している．こうして息子の行動は父親によく似てはいるが，完全に一致してい
るわけでもないともいえる．さらに通常の雄と，発育を飼育温度を低く操作

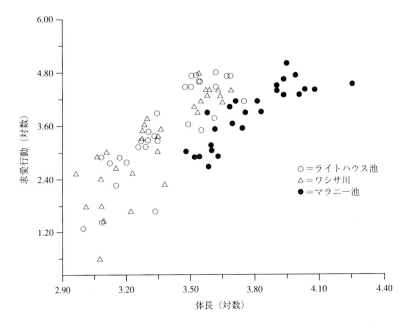

図9·2　sailfin molly の求愛回数と体長および個体群間変異．どの個体群でも体長の増加と
ともに全繁殖行動中に占める求愛回数の割合が増加するが，同じ体長時の求愛行動の
割合は個体群間で異なっている（Travis [15] より引用）.

表9·1　父親と息子間における各表現形質の回帰（Travis [15] より引
用）．回帰は log 変換したデータに基づいたもの．17 の半
兄弟によって各回帰が分析されており，すべての数値が5%
レベルで有意である．

形質	傾斜（標準誤差）	切片	r^2	F 値
標準体長	1.02（0.09）	−0.03	.90	132.46
強制交尾	0.65（0.14）	2.02	.59	22.39
求　愛	0.42（0.17）	3.49	.26	6.37

し，体が小さいままで成熟させた兄弟の行動の割合を比較した．そうすると，求愛行動は体が小さくなった分その割合を低下させたが，普通に飼育した雄における求愛行動の割合をある程度，維持しているらしい．こうして繁殖行動の割合にはいくつかの分割された遺伝的制御があるが，同時に体サイズの遺伝性とも密接な関係にあるということを示している（両形質への遺伝子のpleiotropic 効果）．こうしてこの魚の行動は体サイズと関係した，たいへん複雑な遺伝様式を示すと考えられる．

こうしたことから，sailfin molly の繁殖行動の多様性の進化には2つの違った仮説が考えられる．一つは体サイズと独立した行動パターンへの直接的な選択である．繁殖行動の割合のみに影響する遺伝的変化を通じて，繁殖行動の個体群間の違いが生み出される．この仮説では行動の違いは限定されたものになると予測される．また，この行動パターンの違いは個体群間の体サイズ変異と直接関係していたり，関係しなかったりするであろう．もう一つの仮説は，体サイズそのものに直接選択がかかっているというものであり，個体群が違っていれば，体サイズに異なった方向に選択がかかると考えられる．この仮説では，体サイズを制御している遺伝子の pleiotropic 効果によって行動の割合は間接的に影響するだけである．したがって，上記仮説とは違って，体サイズ変異のパターンとサイズに依存した行動が，直接的に関係した特定のパターンが予測されることになる．すなわち，平均体サイズが小さい個体群の雄はそれが大きい個体群の同じサイズの雄よりも繁殖行動の割合が多くなると予測できる．

このいずれの仮説が正しいのかを明らかにするためには，両者の遺伝的関係を分離できるようなもっと詳細な研究が必要になるようである．

§5. おわりに

繁殖行動を含む魚類の行動のほとんどは多くの遺伝子座によって支配された[15]，量的遺伝形質である（詳しい解説は和田[11]やファルコナー[16]などを参照のこと）．しかし，量的遺伝において重要な遺伝率，遺伝相関や maternal effects（母親の効果）などは，育種だけではなく進化の理解に重要であるにもかかわらず，特に魚類の繁殖行動ではほとんど測定されていない．例えば，遺伝率は進化の早さとか方向性を決定し，遺伝的相関の強さは進化の早さと方向

に影響を与えるし，maternal effects はある場合には個体群の平衡状態に達するのを妨げる．また，遺伝率の推定は性的に選択された形質（いわゆる性選択）がいかに進化したかを理解する上で重要である．最近の研究では適応度と密接な関係にある形質は適当な遺伝率をもっているであろうということが明らかになりつつあり，性的2型の進化モデルには特にこのことが重要である．しかし，この方面でも魚類では十分研究されていない．

　こうした魚類の繁殖行動の進化と関連した量的遺伝において，実際に測定しようとする時，大きな問題となるのは同じ個体の同じ行動が生態的ないろいろな条件で様々に影響をうけることである．また実験室で得られたデータを野外集団に適用する際に大きな問題になるのは，環境との相互作用による遺伝子型である．上記した sailfin molly の繁殖行動は，所属する集団の体長組成に依存し，違った環境では異なった遺伝子型が働く可能性がある（こうした場合の統計的解析法は Baker [18] を参照）．こうした問題点は，なにも魚類の繁殖行動だけにあてはまるのではないが，魚類では環境とのかかわりが特に顕著になる可能性が強い（本章で紹介した魚類を含む多くの動物群の，行動の進化と量的遺伝に関する多くの問題点については Boake [17] を参照するとよい．現時点でのほとんどの問題点が網羅されている）．

　また，魚類の繁殖行動の遺伝性を実験的に確かめる際に，多くの問題点があることも指摘したい．飼育実験が他の動物に比較してやや複雑になることや，そのことと関連した実験の反復数の設定が難しいことによる．多くの場合，繁殖行動が複雑であり，時にはその定量化が問題となる．また，遺伝性を定量的に測定するためには，通常数百の個体数を必要とする（例えば多くのファミリーにおいてはファミリー毎に数個体，あるいは数ファミリーではファミリー毎に多くの個体が必要となる）．しかし，これらはどれも操作可能なものであり，今後，一層の研究の発展が期待される．

文　献

1) I. A. Fleming, B. Jonsson, M. R. Gross and A. Lamberg : An experimental study of the reproductive behaviour and success of farmed and wild Atlantic salmon (*Salmo salar*). *J. Applied Ecol.*, 33, 893-905 (1996).

2) J. A. Endler : Natural selection in the wild. Princeton University (1986).

3) J. A. Endler : Natural selection on color patterns in poeciliid fishes. *Env. Biol. Fish.*, 9, 173-190 (1983).

4) J. A. Fleming and M. R. Gross : Breeding competition in a Pacific salmon (coho : *Oncorhynchus kisutch*) : Measures of natural and sexual selection. *Evolution*, 48, 637-657 (1994).

5) B. H. Seghers : Schooloing behavior in the guppy (Poeclia reticulata): an evolutionary response to predation. *Evolution*, 28, 486-489 (1974).

6) M. M. Furgoson and D. L. G. Noakes : Behaviour-gentics of lake trout (*Salvelinus namaycush*) and brook charr (*S. fontinalis*) : observation of back cross and F2 generations. *Z. Tierpsychol.* 62, 72-86 (1983).

7) L. Ehrman and P. A. Parsons : Behavior genetics and evolution. mcGrawhill Book Company (1981).

8) R. G. Danzmann, M. M. Furguson and D. L. G. Noakes : The genetic basis of fish behaviour, in "Behaviour of teleost fishes" (T. J. Pitcher ed), 3-30 (1993).

9) M. R. グロス・前川光司 : 魚類の繁殖戦略と進化, 「魚類の繁殖行動と様式」(後藤・前川編), 161-201, 東海大学出版会 (1989).

10) M. R. Gross : Alternative reproductive strategies and tactics : diversity within sexes, *Tr. Ecol. evol.*, 11, 92-98 (1996).

11) 和田克彦 : 量的形質の遺伝, 水産生物の遺伝と育種 (日本水産学会編), 7-26, 1979, 恒星社厚生閣.

12) K. Maekawa : Streaking behaviur of mature male parrs of the aMiyabe charr, *Salvelinus malma miyabei*, during spaning. *Japan. J. Ichtyol.* 30, 227-234(1983).

13) K. Maekawa and T. Hino : Sapwning behaviour of Dolly Varden in southeastern Alaska with special reference to the mature male parr. *Japan. J. Ichthyol.*, 32, 454-458 (1986).

14) K. Maekawa and T. Hino : Spawning tactics of female miyabe charr (*Salvelinus malma miyabei*) against egg cannibalism. *Can. J. Zool.*, 68, 889-894 (1990).

15) J. Travis : Size-dependent behavioral variation and its genetic control within and among populations, in "Quntitative genetic studies of behavioral evolution", 165-187 (1994).

16) D. S. ファルコナー : 量的遺伝学入門 (田中・野村訳) 蒼樹書房 (1993).

17) C. R. B. Boake : Quantitative genetic studies of behavioral evolution, The University of Chicago Press (1994).

18) R. J. Baker : Differential response to environmental stress, in "Proceedings of the second international conference on quantitative genetics" (E. J. Eisen, M. M. Goodman and G. Namkoong eds), 492-504 (1988).

10. 摂餌縄ばりにかかわる形質

関　伸吾*

　摂餌行動にかかわる形質には，採餌行動，捕食回避行動，摂餌戦略，餌選択，縄ばり行動など様々な行動が含まれ，それぞれの行動について広範囲な研究がなされてきた．例えば，日本の重要淡水魚種であるアユについては，回遊行動のメカニズムや両側回遊型，琵琶湖産陸封型と人工種苗の群行動の違いなどに関して行動・生態学的に詳しく研究されている[1]．それらの研究報告の多くが生態形質にかかわる遺伝要因についてその存在の可能性を示唆しているものの，その遺伝性について具体的に検討した例は，魚類ではほとんどみられない．その原因として，生態形質には様々な環境要因が関与するため，環境変化の影響を受けやすく，遺伝要因に比べ環境要因の影響が大きいこと，また，生態形質と呼ばれているものには生理的形質も含め様々な遺伝子が関与しており，単純にその遺伝要因を特定することが困難であることなどがあげられる．ここでは，摂餌行動に関わりの深い形質として特に研究例が多い縄ばり行動や攻撃行動を例にあげ，これまでの研究成果をまとめ，現在の研究の到達点を明らかにするとともに，今後の研究の方向性について考える．

§1. 縄ばり行動・攻撃行動に影響を及ぼす諸要因

　生態形質の遺伝的背景を把握する場合，その行動に影響を及ぼす要因を明らかにすることは研究をスムーズに進めていく上でも重要である．魚類の縄ばり行動や攻撃行動に関しては多くの報告例がある．海産魚類ではマダイで縄ばり行動が報告されている[2]ほか，サンゴ礁魚類の多くや淡水魚，特にサケ・マス類などで摂餌行動との関わりが示唆されている[3]が，縄ばり行動・攻撃行動の様式は魚種により異なり，さらに環境の影響を受けて行動様式を大きく変化させることから，何がそれらの行動を決定する要因になるのか十分な結論が得られているとはいえない．これまでの研究は主にそれらの行動様式と環境要因の

* 高知大学農学部

関係について検討されたものが中心であったといえる．縄ばり行動や攻撃行動に影響を与える要因としては，特に個体密度，体の大きさ，餌の量などに注目して検討を加えた報告が多い．例えば，個体密度と縄ばり面積については，アユにおいて個体密度の増加に伴い縄ばりを解消するという報告[4]，同じくアユ[5]あるいはギンザケ[6]において個体密度の増加に伴い縄ばり面積を縮小するという報告がある．攻撃行動の面にも個体密度が影響を与え，個体密度の増加に伴い攻撃性が低下するというホッキョクイワナやニジマス[7]，グラミーの仲間 *Trichogaster trichopterus* [8] の例，縄ばりによるエネルギー消費の増加に伴い攻撃パターンを追跡から誇示行動に変化させるカワマスの例[9]などがある．縄ばり面積と個体密度の関係についてサケ・マス類を比較検討した例[10]では，多くのサケ・マス類において個体密度の増加が縄ばり面積や攻撃行動に負の方向に働くことを示している．体サイズと縄ばり性も関係が深く，体の大きなものが縄ばりを形成する，あるいは縄ばりを形成する個体は体が大きくなるという報告がホッキョクイワナやニジマス[7]，カワマス[11]，タイセイヨウサケ[12]，ブラウントラウト[13]，アユ[14]などにみられる．餌の面から縄ばり行動や攻撃行動を検討したものでは，餌の量に伴い縄ばり面積や攻撃行動が変化することを述べている[8, 15~17]．一方，先に述べた結果と異なる報告も多い．例えば，縄ばり面積は体の大きさに相関があり侵入者数とは関係がない，また，餌の影響も全体の2%程度にすぎないとするタイセイヨウサケの報告[12]，餌の量により縄ばり面積は変化するが，攻撃行動は変化しないとするカワマスの報告[9]，攻撃性の強い個体が最も大型の個体とはならないというニジマス[18, 19]，ピグミーサンフィッシュ *Elassoma evergladei* [20]，メダカ[21]の報告などは縄ばり行動や攻撃行動が魚種や環境条件によって異なることを示唆している．また，ニジマスにおける照度あるいは季節に伴う攻撃行動の変化[22]，タイセイヨウサケにおける攻撃性の1日のリズム[23]など季節や時間に伴う攻撃性の変化についても報告例があり，ホッキョクイワナ[24]，タイセイヨウサケ[25]では年齢（日齢）の増加に伴い攻撃性は低下することも知られている．未成熟な段階においても攻撃性に性差が存在するという例もアユにおいて報告されている[26]．以上のように縄ばり行動・攻撃行動には個体密度，個体の大きさ，餌の量，時間，年齢，性差などの様々な要因が関与している．

　環境要因の影響は魚類の家魚化における攻撃行動の変化についてもいえることである．家魚化による攻撃行動・群行動の影響については Ruzzante [27] が詳しく検討を行い，家魚化により攻撃性が増加する例と低下する例の両方についていくつかの魚種を例にあげ，密度，餌の量，餌の投与方法などの飼育環境条件が攻撃性の増加あるいは減少に大きく影響することを述べている．例えば，メダカにおいては限定された餌の量で特定の場所に餌を散布した場合，攻撃行動の強いものが大きくなるのに対し [28]，過剰な餌をとぎれとぎれに与えた条件で 2 世代大型のものを選抜した集団では攻撃行動は低下した [21] としている．このことは餌の量や投与方法で攻撃性が変化する一つの例と考えられる．それぞれの魚種あるいは個体で攻撃性の強弱を論じる場合，その種苗の飼育条件にも十分考慮する必要がある．

§2. 攻撃性の種間差・系統差

　縄ばり行動や攻撃行動が遺伝的関与を受けているかどうかを直接検討した例は少ないが，その可能性はサケ・マス類などで報告されている種間の攻撃性の差異により推測することができる．例えば Wang and White [29] は野生ブラウントラウトと人工採苗カットスロートトラウト *Oncorhynchus clarki stomias* の間の競争関係について人工水路による実験を行い，同一水路内に両種を放し

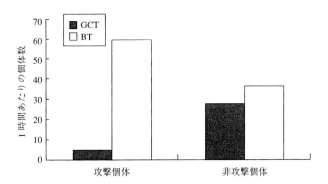

図 10·1　水路内に同時に放たれたカットスロートトラウト（GCT）とブラウントラウト（BT）について，総時間数 34.5 時間より算出した 1 時間あたりのそれぞれの攻撃個体，非攻撃個体の延べ数（Wang and White [26] のデータに基づいて作図）

た場合非攻撃個体の数は両種で違いはないものの，攻撃個体数はブラウントラウトがカットスロートトラウトの約 12 倍多いことを報告している（図 10·1）．体サイズおよび月齢がほぼ同じである両種において攻撃性にこのような顕著な差がみられることは，種自体の攻撃性の差を表していると考えられる．このような種間差については，サケ・マス類において報告が多い．一方，系統差については，アユの報告がある[30]．その研究では海系（両側回遊型）および琵琶湖系（陸封型）アユの縄ばり形成率が最高値となる水温が異なること，海系アユ由来のクローンアユの各水温区における縄ばり形成率が海系アユのパターンに類似していることから，系統差の存在とその遺伝的関与が示唆されている（図 10·2）．

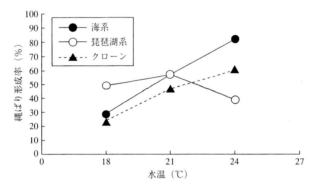

図 10·2　各水温区における海系，琵琶湖系およびクローンアユの
縄ばり形成率

§3. 攻撃性の検討を行う実験例

3·1　環境条件の検討

攻撃性を評価する場合，実験設備や実験回転数の面からも，水槽実験を行うことが簡便かつ効率的である．したがって，水槽実験を行う場合には，その実験環境条件を一定にし，対象魚種の攻撃性を最大限に引き出す条件を確立することが必要となる．以下にアユの実験例を示す[30]．

ここでは，縄ばり形成を誘発する要因として藻類の付着した直径 15 cm 程度の石（河川において採取），砂利，蛍光灯，水槽面 3 面の黒シート，給水方法の

5 つを設定し，それぞれの組み合わせにより計 9 試験区を設けた（表 10·1）．
アユ 2 個体を入れ，2 日たっても縄ばり形成がみられない場合は縄ばり形成な
しと判定した．供試魚としては海系人工種苗初代を用いている．表 10·2 から
分かるように，各実験区により縄ばり形成率や縄ばり形成に必要な時間は大き
く異なり，砂利と石の存在，蛍光灯あるいは黒シートの少なくともどちらかの
存在が縄ばり形成に大きく影響している．水温条件が縄ばり形成に影響を与え
ることは図 10·2 にも示したとおりである．このように，実験区の環境条件に
より縄ばり行動や攻撃行動は大きく変化するため，水温や水槽内の環境条件に
十分に留意した実験区の設定が重要であることが分かる．

表10·1　縄ばり形成の環境条件検討に用いた実験区
　　　　○，×はそれぞれの要因の有無を示す

実験区	要因					
	石	砂利	黒シート	給水	水温（℃）	蛍光灯
1	×	×	×	CS*	21.0±1.0	×
2	○	×	×	CS	21.0±1.0	×
3	○	×	○	CS	21.0±1.0	×
4	×	×	○	CS	21.0±1.0	×
5	○	○	×	CS	21.0±1.0	×
6	○	○	×	CS	21.0±1.0	○
7	○	○	○	CS	21.0±1.0	×
8	○	○	○	CS	21.0±1.0	○
9	○	○	○	OS*	18.0	×

* CS は循環水槽，OS はオーバーフロー水槽

表10·2　各環境条件における縄ばり形成率，要形成時間および攻撃回数
　　　　（ペア試験）

実験区	試験回数	縄ばり形成率（%）	平均縄ばり要形成時間（h）	平均攻撃回数（3 分間）
1	10	0.0	0.0	0.0
2	10	0.0	0.0	0.0
3	10	10.0	47.0	9.6
4	10	20.0	34.0	12.0
5	10	30.0	23.0	9.8
6	10	70.0	21.7	10.7
7	10	70.0	20.8	11.5
8	10	80.0	21.5	10.9
9	10	0.0	0.0	0.0

3・2　個体別データの収集

　生態形質を評価し，選抜育種を進める上でその選抜の指針となる遺伝率の算出は重要である．また個体選抜を行う場合には個体別のデータを数値化して得ることが重要となる．水槽中に 2 個体を入れ優劣を判定するペア試験は，攻撃性を判定する方法としてこれまでよく用いられてきた [31]．これは個体間の優劣関係を容易に判定できる点で優れているが，この方法では 2 個体間のからだの大きさの差が結果に大きく影響する上，個体別のデータを数値化してとることは困難である．その点で優れていると思われるものにモデル試験と鏡刺激（MIS, mirror image stimulation）試験がある．モデル試験はニジマス [22]，ヤマメ [32] などで行われた例がある．アユに関するモデル試験は井口 [33] によってモデルの形状や配置などに詳細な検討が加えられ，また，Uchidaら [34] により琵琶湖系アユの個体別データが得られている．一方，鏡刺激試験についてはギンザケで行われた例があり，鏡に対する遊泳行動（SAM）と尾叉長が優位個体の判定に有効であることが報告されている [35]．ここでは，アユにより行われたモデル試験と鏡刺激試験の結果を比較する．

　モデル試験，鏡刺激試験ともに，縄ばりを形成しているとみられる個体はモデルおよび鏡に対して顕著な体当たり行動を示す．水温の違いによる攻撃行動の変化を見た場合，モデル試験では琵琶湖系アユが最も攻撃性の高くなる水温をほぼ 23.0℃とし，12℃以下，29℃以上では攻撃行動はほとんどみられないとしている．鏡刺激試験で用いられている水温区は 18℃，21℃，24℃の 3 つの水温区のみであり（図 10・2），実験環境条件も異なるため単純な比較はできないが，21～23℃の水温付近をピークに攻撃頻度や縄ばり形成率が低下傾向に転ずるという点は，鏡刺激試験でみられる海系アユの攻撃行動のパターン（24℃区においても縄ばり形成率は高い値を維持）とは異なっており，2 つの試験間でよく似た傾向を示しているといえる．両試験の利点はともに個体別データを得ることが可能であることにある．鏡刺激試験における攻撃回数の個体別数値のヒストグラムを図 10・3 に示す．実験個体数が少ないため十分なことはいえないが，個体別攻撃回数の各級間のヒストグラムは攻撃回数が低い部分を中心に右に広がる分布を示した．また，21℃区に比べ 24℃区において海系アユで攻撃回数の多い個体と攻撃回数の少ない個体が増加していることが分か

る．このことは海系アユが最も活動性の高いと思われる 24℃付近で攻撃性の異なる個体が顕在化してきたとも考えられる．一方，琵琶湖系アユでは 24℃区において縄ばり形成率の低下とともに攻撃回数の多い個体も減少していた．水槽の各環境条件において縄ばり形成率は異なっても，攻撃回数はほとんど同じ値を示す（表 10·2）．それに対し，水温の違いにより攻撃回数が変化することや攻撃回数の多い個体と少ない個体が出現してくることは興味深い現象といえる．ただし，個体内の攻撃回数は実験時のその個体の体調にも大きく関係し，個体内での分散が大きいことが Uchida ら[34]により報告されており，各個体の代表値を得るためにはいくつかの日に分けて複数回のデータを得ることが必要であると思われる．

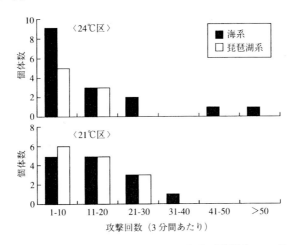

図 10·3　21℃区および 24℃区における海系，琵琶湖系アユの個
　　　　体別攻撃回数の各級間ヒストグラム

　両試験は，個体別データを数値として得るという点で優れているが，問題点もある．例えば，モデル試験では，モデルの大きさと実験個体の大きさの差が攻撃行動に影響を与えることは否定できない．井口の研究結果[33]においてモデルのサイズの増加により攻撃性の低下を示す個体が 30％程度存在し，特に実験個体に比べモデルのサイズが大きくなり両者の差が広がると，攻撃性の低下が顕著となることは，モデルのサイズを考慮する必要性を示唆している．一方，鏡刺激試験では個体サイズの差を考慮する必要はなくなるが，実際の性質に比

べ個体によっては過剰な反応を示す場合も生じることが示唆されており [36]，特に攻撃性の弱い個体で評価を誤る危険性があることを考慮すべきであろう.

3·3　その他の個体別評価方法

攻撃性を androgen や corticosteroid, plasma cortisol などのホルモンを指標とした生理学的側面から間接的に評価する方法についても，サケ・マス類 [37]，スウォードテール *Xiphophorus helleri* [38] などで報告され，その可能性が示唆されている. このような手法は，モデル試験や鏡刺激試験などと同様に個体別データを定量的に評価することが可能であり，攻撃行動を直接評価する方法に比べ比較的容易に安定したデータを収集できる可能性もある. しかし，ハンドリングによるストレスなどの外的要因や体調などの内的要因により値が左右される危険性もあり，これらの点を考慮した上で今後の進展が望まれる.

§4.　今後の課題

これまでの生態形質の研究は環境要因とのかかわりに関するものが中心であり，環境要因による生態形質の発現様式については次第に明らかにされつつある. だが，一方で，同一個体内あるいは同一個体群内において環境要因の変化に伴う行動性の変化を比較した研究例は少ない. このような情報は，実験条件下で形質評価を行っていく上で非常に重要である. 今後は，このような環境の影響を実験条件下で比較し，情報を得ることも必要となるであろう.

生態形質への遺伝的要因の関与は極めて興味深い課題であるが，現時点では生態形質の遺伝的背景について論じる十分なデータはない. 有用形質識別評価法についてはマニュアルが作られており [39]，今後は，そのような方法により，実験条件下において系統別ならびに個体別にデータを蓄積することが重要である. 実験条件下でデータ収集を行う場合，（1）飼育環境条件，（2）前歴，（3）実験対象魚の日齢と年齢，（4）実験環境条件，（5）個体別データの収集の5点には十分留意する必要があると思われる.

さらに，今後，選択育種を進めていく段階において，アロザイム，マイクロサテライト領域多型（SSRs），RAPD（random amplification of polymorphic DNA），AFLP（amplified fragment-length polymorphism）などの遺伝標識を利用し，ニジマス [40] やティラピア [41] などにみられるような遺伝子地図を作

成することは，生態形質に関与すると思われる量的形質遺伝子座 Quantitative trait loci（QTLs）の連鎖解析において有効な道標ともなる．このような QTL と連鎖したマーカーを見つけだすことは近交の影響を避け，効率的な選抜育種を進めていく手助けともなり，水産育種分野の進展において将来，重要な課題となるものと思われる．

文　献

1) 塚本勝巳：アユの回遊メカニズムと行動特性，"現代の魚類学"（上野輝彌・沖山宗雄編），朝倉書店，1988，pp. 100-133.

2) K. Yamaoka, M. Takagi, T. Yamada and N. Taniguchi : *Nippon Suisan Gakkaishi*, 57, 1-5（1991）.

3) J. W. A. Grant : Territoriality, in "Behavioural Ecology of Teleost Fishes"（ed. by J.-G. J. Godin）, Oxford University Press, 1997, pp. 81-103.

4) 川那部浩哉：日生態会誌，20，144-151（1970）.

5) K. Iguchi and T. Hino : *Ecological Res.*, 11, 165-173（1996）.

6) L. M. Dill, R. C. Ydenberg and A. H. G. Fraser : *Can. J. Zool.*, 59, 1801-1809（1981）.

7) A. Alanärä and E. Brännäs : *J. Fish Biol.*, 48, 242-254（1996）.

8) S. Syarifuddin and D. L. Kramer : *Environ. Biol. Fishes*, 46, 289-296（1996）.

9) R. E. McNicol and D. L. G. Noakes : *Environ. Biol. Fishes*, 10, 29-42（1984）.

10) J. W. A. Grant and D. L. Kramer : *Can. J. Fish. Aquat. Sci.*, 47, 1724-1737（1990）.

11) J. W. A. Grant : *Can. J. Fish. Aquat. Sci.*, 47, 915-920（1990）.

12) E. R. Keeley and J. W. A. Grant : *Can. J. Fish. Aquat. Sci.*, 52, 186-196（1995）.

13) R. G. Titus and H. Mosegaad : *Can. J. Fish. Aquat. Sci.*, 48, 19-27（1991）.

14) 石田力三：淡水研報，14，29-36（1964）.

15) J. P. Ebersole : *Am. Nat.*, 115, 492-509（1980）.

16) P. A. Slaney and T. G. Northcote : *J. Fish. Res. Board Can.*, 31, 1201-1209（1974）.

17) M. A. Hixon : *Am. Nat.*, 115, 510-530（1980）.

18) H. Yamagishi : *Japan. J. Ecol.*, 12, 43-53（1962）.

19) H. W. Li and R. W. Brocksen : *J. Fish Biol.*, 11, 329-341（1977）.

20) D. I. Rubenstein : *Anim. Behav.*, 29, 155-172（1981）.

21) D. E. Ruzzante and R. W. Doyle : *Evolution*, 45, 1936-1946（1991）.

22) G. E. Stringer and W. S. Hoar : *Can. J. Zool.*, 33, 148-160（1955）.

23) S. Kadri, N. B. Metcalfe, F. A. Huntingford and J. E. Thorpe : *J. Fish Biol.*, 50, 267-272（1997）.

24) B. M. Baardvik and M. Jobling : *Aquaculture*, 90, 11-16（1990）.

25) J. W. J. Wankowski and J. E. Thorpe : *J. Fish Biol.*, 14, 239-247（1979）.

26) K. Iguchi : *J. Ethol.*, 14, 53-58（1996）.

27) D. E. Ruzzante : *Aquaculture*, 120, 1-24（1994）.

28) J. J. Magnuson : *Can. J. Zool.*, 40, 313-363（1962）.

29) L. Wang and R. J. White : *North Am. J. Fish. Manage.*, 14, 475-487（1994）.

30) 澁谷竜太郎・関　伸吾・谷口順彦：水産増殖，43，415-421（1995）.

31) 関 伸吾・谷口順彦・村上幸二・米田 実：
淡水魚, 10, 101-105 (1984).

32) N. Maeda and T. Hidaka : *Zool. Magazine,*
88, 34-42 (1979).

33) 井口恵一朗：中央水研研報, 2, 15-23
(1991).

34) K. Uchida, K. Iguchi and K. Kiso : *Bull.
Natl. Res. Inst. Fish. Sci.,* 7, 389-401
(1995).

35) L. B. Holtby, D. P. Swain and G. M.
Allan : *Can. J. Fish. Aquat. Sci.,* 50, 676-
684 (1993).

36) G. G. Gallup, Jr. : *Psychological Bull.,*
70, 782-793 (1968).

37) C. Ejike and C. B. Schreck : *Trans. Am.*

Fish. Soc., 109, 423-426 (1980).

38) R-P. Hannes, D. Franck and F. Liemann :
Zeitschrift für Tierpsychologie, 65, 53-
65 (1984).

39) 谷口順彦：アユ, "水産生物有用形質の識
別評価マニュアル", 日本水産資源保護協
会, 1994, pp. 133-198.

40) W. P. Young, P. A. Wheeler, V. H. Cory-
ell, P. Keim and G. H. Thorgaard : *Gene-
tics,* 148, 839-850 (1998).

41) T. D. Kocher, W. -J. Lee, H. Sobolewska,
D. Penman and B. McAndrew : *Genetics,*
148, 1225-1232 (1998).

まとめと今後の方向性

このシンポジウムは，3年前に企画立案されたもので，遺伝・育種関連のシンポジウムが水産学シリーズの一つとして刊行されるのは，9号（魚類種族の生化学的判別），26号（水産生物の遺伝と育種），75号（水産増養殖と染色体操作）についで，今回が4回目である．本号では，近年急速な研究の進展をみた分子遺伝学を背景にしながら，育種の基本である形質評価とそれらの変異性に関して，細胞，組織，個体，集団の視点から，形態，生理，生態にかかわる形質の研究の到達点および問題点などを紹介したものである．本シンポジウムの講演および総合討論の要点および今後の方向性について以下のようにまとめた．

1. 形質の発現機構と形質評価

形質の発現機構については，核内遺伝子と細胞質性因子に分けて初期発生胚に関する研究例が紹介された．ゲノムには個体の形態形成に必要な遺伝子が一式そろっていて，それらが発生に伴って秩序よく発現する．しかし，半数体胚ではそれに特異的な複数の形態異常が発現する．正常2倍体胚と半数体胚の比較研究から，半数体胚では細胞接着に関与する遺伝子の発現量が制約されてすべての組織の細胞の配列が乱れること，半数体胚の細胞運動が遅れるために発現制御遺伝子の発現様式が乱れて形態形成遺伝子の正常な発現が妨げられることが判明した．ここで得られた分子遺伝学的・組織学的知見は初期胚における形質発現の制御機構の解明につながるだけでなく，染色体操作による倍数体誘導条件やクローン魚作出条件の解明にも有効と考えられる．

初期胚における形質発現に関与する細胞質の機能については，卵内の細胞質に含まれる母親由来の特定因子が空間的に局在し，それを保持する細胞のみが将来生殖細胞に分化することが示された．これにより，胚幹細胞（embryonic stem cell，ES細胞）のすべてが全能性を保持しているとはいい難いとする見解が述べられた．これに対し，ES細胞の全能性を見極めるため，細胞質性の生殖細胞決定因子とES細胞の関連について，今後，より詳細に研究する必要があるとする意見が述べられた．

　形態形質の発現と評価法については，従来の育種において採用されてきた質的形質と量的形質の遺伝解析法とその事例が示された．また，分子遺伝学的手法の導入により形質評価法をより簡便化すべきことが提起された．

2．生理形質の発現と評価

　生理形質については生殖，免疫応答，耐病性，水温適応性，成長などに関連する形質について，研究例が示された．生殖関連形質については，ニジマスの早熟系，通常系，晩熟系の特性が一つの事例として示され，実験的に生殖形質の遺伝性が確認された．一方，それらの形質発現と環境要因との相互作用が生殖関連ホルモンの発現パターンに基づき実験的に解明された．また，生殖関連ホルモン遺伝子の構造と機能に関する調査研究の重要性が指摘された．

　免疫応答に関与する遺伝子発現については，MHC などの分子が免疫機能と直結しているので，集団遺伝学で使用される中立的遺伝マーカーとは異なり，それらの多型解析の育種的意義の大きいことが強調された．これらの形質に関連する遺伝子については，すでに DNA が単離され，MHC クラスを支配する遺伝子座数や多型性が明らかになっている．耐病性に関与する遺伝子発現については，細菌による病原性を生残率によって閾値形質として取り扱う事例およびウイルス病に対して 2 対立遺伝子モデルで遺伝解析を行う事例が紹介された．このような免疫関連形質の多型的遺伝子座は家系分析や系統解析はもとより，遺伝マーカーとして利用した家系選択による耐病性育種の可能性を示唆している．一方，このような耐病性遺伝子は非中立的対立遺伝子であるから，集団中のそれらの頻度が中程度（0.5）に維持されるのはなぜかという疑問に対して，中立的対立遺伝子の挙動を支配する機会的浮動とは異なるメカニズムが考えられるべきであるとする意見が述べられた．

　温度耐性のような形質では，ある温度での死亡時間で表す量的形質としてとらえるか，ある温度処理後の生残率で表す閾値形質としてとらえるか，もしくは，形質の変異を対立遺伝子との対応をもって解析するとする 3 つの方法が示された．成長形質については，形質の評価法として統計的手法，染色体操作法，トランスジェニック法，遺伝マーカー利用選択育種法（MAS：Marker assisted selection）などについて解説が行われ，成長形質の育種事例が紹介された．ま

た，これらの養殖利用をめぐって，野生集団の保全の問題を考慮すべきとの考えが示された．

3．生態形質の発現

　生態的特徴を遺伝的解析のために形質としてとらえる試みは，これまでほとんど試みられることがなかった．ここでは繁殖行動および摂餌行動にかかわる形質の評価法について紹介された．繁殖行動には顕著な個体差があることは知られており，これを表現型変異としてとらえる場合，その背景には遺伝変異が関与するということが前提となっている．しかし，生態形質の把握と評価は容易ではなく，遺伝率を推定した事例はほとんどない．魚類の繁殖戦略の多様性は歴史的に形成されたとする進化生態学的視点に立つことにより，繁殖行動の遺伝性解明の糸口が見えるという考え方から，サケ科魚類などの繁殖行動特性について解説がなされた．

　また，縄ばり行動を摂餌に関連する形質の一つとしてとらえ，縄ばり行動の強さの指標として攻撃行動を個体毎に数値化する試みが行われた．これにより，量的形質の範疇で系統差や個体差の的確な把握が可能となることが示された．一方，摂餌縄ばりを維持する性質を攻撃行動によってとらえるという方法については本来両者は別物であるという指摘がなされ，このような形質測定と評価法について一層の検討の必要性が示唆された．

4．今後の方向性

　新しい潮流としての分子遺伝学的手法は，形質発現のメカニズムの解明を通じて最近の水産遺伝・育種研究の進歩・発展に大きく貢献していることが今回のシンポジウムにおいて浮き彫りになった．また，遺伝マーカー利用選択育種（MAS）の開発に関しては，複数の演者がQTL（quantitative trait loci）分析とポジショナルクローニングの研究の進展に期待を表明した．これらの研究の流れは，魚のゲノムマッピングと有用遺伝子の DNA シークエンシングに関する情報の蓄積をもたらし，バイオテクノロジーの発展に結実することが期待される．

　一方，このような分子遺伝学的手法が効果を発揮するためには，種々の生理

的・生態的特性を生物個体の形質としてとらえ，それら表現形質の定量法を工夫し，遺伝変異を適性に評価する方法の開発が求められる．しかし，遺伝子と形質発現に関しては，生理形質や生態形質の定量化と変異の把握の困難性ゆえに，不十分のまま残されており，研究は緒についたばかりとの印象が強い．今後の水産育種研究の発展のために，適切な実験動物（魚）の開発，マイクロサテライト DNA のような高感度遺伝標識の家系判別への利用を含め，生理・生態に関連する諸形質の評価技術の開発をすすめる必要があると考えられる．

　また，魚類養殖においては，現在すでに，優良形質をそなえた品種が実用化されているが，今後も様々な先端技術を用い新しい養殖用品種や系統が作出されると思われる．ここで，野生集団の多様性保全の観点から，これらの養殖用品種や系統の保存・管理とそれらの取り扱いについての指針を作成することが必要と思われる．

　終りに，本シンポジウムを開催するに当たって，ご支援ご協力を賜った日本水産学会および同学会出版委員会，水産育種研究会，恒星社厚生閣およびその他関係各位に御礼申し上げる．　　　　　　　　　　　　　　　　（谷口順彦）

水産学シリーズ〔117〕　　　　　定価はカバーに表示

水産育種に関わる形質の発現と評価

Evaluation and Expression of Phenotypes
in Aquatic Organisms for Genetics and Breeding

平成 10 年 10 月 1 日発行

編　者　　藤　尾　芳　久
　　　　　谷　口　順　彦

監　修　社団法人　日本水産学会

〒108-0075　東京都港区港南　4-5-7
東京水産大学内

発行所　　〒160-0008
東京都新宿区三栄町8　株式会社　恒星社厚生閣
Tel〔3359〕7371〔代〕
Fax〔3359〕7375

水産学シリーズ〔117〕
水産育種に関わる形質の発現と評価
(オンデマンド版)

2016年10月20日発行

編　者　　　藤尾芳久・谷口順彦
監　修　　　公益社団法人日本水産学会
　　　　　　〒108-8477　東京都港区港南4-5-7
　　　　　　　　　　　東京海洋大学内

発行所　　　株式会社 恒星社厚生閣
　　　　　　〒160-0008　東京都新宿区三栄町8
　　　　　　TEL 03(3359)7371(代)　FAX 03(3359)7375

印刷・製本　　株式会社 デジタルパブリッシングサービス
　　　　　　URL http://www.d-pub.co.jp/